Lázaro Coutinho

A Imaginação Matemática

EDITORA CIÊNCIA MODERNA

A Imaginação Matemática

Editor: Paulo André P. Marques
Produção Editorial: Dilene Sandes Pessanha
Capa: Daniel Jara
Diagramação: Daniel Jara
Copidesque: Equipe Ciência Moderna

FICHA CATALOGRÁFICA

COUTINHO, Lázaro.

A Imaginação Matemática

Rio de Janeiro: Editora Ciência Moderna Ltda., 2023.

1. Matemática – estudo e ensino
I — Título

ISBN: 978-65-5842-274-7 CDD 510.07

Editora Ciência Moderna Ltda.
R. Alice Figueiredo, 46 – Riachuelo
Rio de Janeiro, RJ – Brasil CEP: 20.950-150
Tel: (21) 2201-6662/ Fax: (21) 2201-6896
E-MAIL: LCM@LCM.COM.BR
WWW.LCM.COM.BR **05/23**

As ciências, em geral, buscam provas na experimentação, a Matemática na Lógica.

Agradecimentos

Sem a eficiência do empreendimento da Editora Ciência Moderna, dirigida por Paulo André P. Marques e sua equipe de editoração, Dilene S. Pessanha e Daniel Jara de Paula, mais a ajuda, prestada a mim, pelo Luiz Renato Dantas, meu filho, este livro não chegaria onde chegou.

Fico grato a todas essas citadas pessoas, bem como às que ficaram no anonimato por razões circunstanciais, mas que tomaram parte na edição do livro.

A mim cabe assumir todos os erros de conteúdo que, por ventura, surgiram no desenvolvimento do texto; se assim foi, peço ao leitor/leitora desculpas por essa minha negligência.

Rio de Janeiro, abril de 2023

Prefácio

Falar sobre matemática de forma amigável, não é fácil. Não porque os assuntos pertinentes sejam incomunicáveis, mas, sim porque a Matemática tem uma língua própria, acentuadamente egoística.

Ao abrirmos um livro de matemática abarrotado de símbolos, podemos não conhecer ou saber nada do que está exposto na página. Com o símbolo de igualdade vamos nos entender. Universalmente conhecido (=).

Por que não encontramos o bicho papão nas ciências ditas humanas? Justamente, porque o linguajar delas não está distante da fala do nosso dia a dia. Resumindo, sem o conhecimento dos termos e símbolos matemáticos, torna-nos incapacitados de manter um diálogo com a ciência dos números, por mais elementar que possa ser o tema.

No colégio aprendíamos matemática com a apresentação dos números, as formas geométricas e os respectivos símbolos pertinentes ao assunto que seria estudado. Para aprender matemática é preciso, antes, conhecer os seus entes, e saber lidar com eles. O saber lidar com eles implica em conhecer as regras e conceitos a que estão sujeitos, suas interações recíprocas e simultâneas, resultados esperados, restrições, transformações comandadas por símbolos e operadores, tudo feito e acatado por regras e deduções lógicas, sem perder de vista o ambiente ou espaço em que tais realizações se concretizam. Nos centros de pesquisas, os matemáticos, não raro, têm dificuldades em entender a matemática dos seus pares, por se descuidarem dos detalhes antes descritos.

Neste livro abordo fatos e fantasias no ambiente matemático, estendendo–me em alguns trechos aos aspectos científicos e históricos dos assuntos tratados para mostrar as dificuldades e percalços da criação matemática. No desenvolvimento matemático surgem acertos e erros, como em todos os empreendimentos humanos. Nas trilhas ambientais, como os desportistas sabem, aparecem pelo caminho desafios de várias naturezas e dificuldades. Encontram-se, também, dependendo da trilha eleita, amenidades e surpresas, muitas com identidades misteriosas e outras não, mas que, no final das contas, nos dá vontade de caminhar mais.

Ao desenvolver este livro, entrando no imenso universo matemático, procurei escolher as trilhas que ofereçam surpresas encorajadoras para o interessado leitor ter motivos para desejar penetrar, cada vez mais, no deslumbrante e encantador mundo das matemáticas que tem muito, muito mesmo, a mostrar aos seus desbravadores.

O matemático profissional precisa de ideias; e, para alcançá-las é necessário imaginá-las. O leitor interessado em se tornar matemático profissional precisa da imaginação. Para se ter um exemplo, pergunto: quem no mundo de hoje desconhece o sinal de igualdade = ? Pois, foi bem depois da Idade Média que um certo matemático, cansado de escrever nos seus cálculos " igual a" teve a ideia do símbolo universalmente adotado de igualdade. Segundo ele, a certa hora, parou e pensou, "nada é mais igual que dois segmentos paralelos". "Uau...!" — gritou de alegria e foi tomar um chá!

Neste livro terão oportunidade de exercitarem a imaginação para o entendimento de um tópico ou para a percepção de como chegar à solução de uma questão. Em outras palavras, o livro procura estimular a mente do leitor/leitora com fatos e personalidades da Matemática, narrando os feitos e os desfeitos que essa gente fez para colocar a Matemática onde ela atualmente se encontra.

Hoje, qualquer homem da rua conhece as quatro operações, soma, subtração, multiplicação e divisão, principalmente, se ele for portador de uma calculadora (risos). Esse mesmo homem, levado ao Egito dos faraós, ou à magnífica Babilônia de Nabucodonosor, passando por seus jardins suspensos, seria considerado um matemático de respeito.

Quem sabe, se, num futuro não muito distante, vamos ouvir pessoas na rua, discutindo matemática superior?

A matemática é uma abstração da mente humana; os primatas não têm uma matemática criada por eles. Apesar de ser uma construção abstrata, sofre variações na linha do tempo, modificando-se esporadicamente a sua forma local, mas sem nunca alterar o que já fora estabelecido em seus teoremas e respectivas consequências.

Estamos na era da digitalização; quase tudo no mundo moderno depende da nossa capacidade de usar os dedos para teclar e passar uma informação para uma máquina. Mas, para isso, precisamos saber de que forma se faz o acesso ao algoritmo que processa o aplicativo. Algoritmo é um receituário que, uma vez obedecido, leva o interessado ao resultado procurado. A criação de algoritmos é, nos últimos tempos, o ponto alto da matemática em ação. Para se chegar a um algoritmo, precisamos de um modelo matemático da coisa a ser estudada. Um exemplo simples de algoritmo é uma equação. Um computador para resolver uma equação precisa de instruções; essas instruções são tiradas do modo, ou modelo, de como se resolve a equação.

Os neurocientistas, por exemplo, buscam entender e explicar suas pesquisas através da identificação do algoritmo DNA pertinente a elas.

Sabe-se atualmente que cada ser e acontecimento no Universo tem o seu algoritmo. Com essa certeza, o objetivo maior do ser humano é imaginar e montar o algoritmo que criou o Universo, uma vez criado ou descoberto esse algoritmo, saberemos de onde viemos e por que viemos, além do que, teremos a "benesse" de saber por antecipação o fim último do Universo!

O livro em pauta aborda tópicos e personagens da Matemática. Nos assuntos discutidos procurei eliminar ao máximo as fórmulas e as partes técnicas. Quanto às personagens, são apresentadas em biografias sucintas, bem como os acontecimentos e fatos pertinentes, muitas vezes dramáticos, relativos às suas conquistas e descobertas. É neste contexto, como já disse, que o livro tem a pretensão de estimular a imaginação matemática de quem o lê.

O resultado dessas considerações é o presente livro que pode ser lido em qualquer ordem, a partir do ponto que despertar o seu interesse.

A pretensão maior do texto é apresentar ao leitor algumas passagens interessantes e algumas vezes avançadas, outras emocionantes, mas sempre procurando informar ao leitor a parte especulativa e criativa do desenvolvimento matemático.

Ao término da leitura, espero ter despertado, em você, leitor/leitora o interesse em saber mais sobre matemática e, principalmente, estimular suas cogitações sobre o modo como ela deve se conduzir daqui para frente. Ao fazer isso, você estará gerando ideias, ingrediente maior do progresso matemático.

O autor,
lcmath@gmail.com

Sumário

I – Fatos & Fantasias

O Algoritmo de Euclides

A Matemática é criada a partir de ideias. No início de sua existência, a Matemática era movida por necessidades prementes. Nos dias atuais, os desafios econômicos e sociais se valem da extensa e sólida bagagem matemática adquirida ao longo da civilização ocidental. Somente em épocas de conflitos, os governos envolvidos convocam os matemáticos propriamente ditos. Há os que dizem que uma das fragilidades dos nazistas na Segunda Guerra foi o pouco caso que fizeram dos seus cientistas.

Modernamente, o cientista matemático cria seus teoremas sem qualquer estímulo externo a não ser as ideias que surgem em suas mentes. Vamos ver isso na criação de funções especiais por parte de Poincaré. Em resumo, nos tempos atuais, cria-se matemática pela matemática.

O algoritmo de Euclides surgiu de um diletantismo de seu criador. É o primeiro algoritmo que encontramos na nossa vida escolar. Qual é o propósito do algoritmo? Dados dois números inteiros e positivos, 18 e 15, por exemplo. Divisores destes números! 1,2,3,6 para o 18 e 1,3,5 para o 15. Examinando os divisores de um e do outro, chega-se a conclusão que o número **3** é o maior divisor comum de ambos.

Euclides, provavelmente, deve ter sido estimulado pela pergunta feita a si mesmo: e quando se tratar de números enormes? O procedimento será o mesmo, ou seja, teremos sempre que fazer as listas dos divisores dos números para identificar o maior divisor? Eis a questão! Pensando ..., pensando... um dia, veio a ideia. Se o menor dos números dividir o maior, torna-se claro que o menor é o maior divisor comum. Então, pensou Euclides: por divisões sucessivas chega-se ao maior divisor comum. Assim, Euclides criou o seu algoritmo que hoje aparece em todos os livros escolares.

Vejamos o funcionamento do algoritmo com dois números grandes. 123123 e 456456. Divide-se o maior pelo menor. 456456 ÷ 123123 =3, resto: 87087; divide-se agora o menor dos números por este resto 87087; obtém-se quociente 1 resto 36036; continuando, divide-se o primeiro resto pelo segundo; quociente 2 resto 15015; e assim vai; o procedimento não muda. 36036 ÷ pelo resto 15015, quociente 2 resto 6060; 15015 dividido pelo resto 6060; quociente 2 resto 3030; finalmente: 6060÷3030 =2 resto 0000. Chegando ao resto zero, o maior divisor comum dos números 456456, 123123 é o número 3030.

Observe o leitor/leitora os números dados! 456 456 e 123 123. São ambos formados por dois números iguais de três algarismos. O máximo divisor comum 3030 é um número de 4 algarismos formados por dois 30. Pergunta logo o matemático, especialista em teoria dos números: "Isto vai sempre acontecer?"

* * *

O professor de matemática tomou a prova do aluno com suspeita de cola. Este, diante da acusação, defendeu-se enfaticamente com juras de que não havia colado. A cola, na época em que passa a história, poderia representar a perda do ano! O Mestre ouviu o aluno sem nada dizer... esse aluno, cujo nome o professor não havia guardado, destacara-se dias antes no aprendizado do algoritmo de Euclides! Mas, diante da acusação, claro, estava com sua adrenalina alta. Para muitos, o desembaraço no algoritmo de Euclides não era fácil de ser adquirido.

O incidente provocou na sala um silêncio constrangedor. Nada melhor que presenciar uma disputa entre aluno e professor. A expectativa em geral é que o Mestre ganhe a questão.

– Vou lhe dar uma chance! – exclamou o Mestre.

Percebia-se na sua voz o sentimento alegre de poder aplicar uma correção. O ato de punir em quem tem o poder, gera esse sentimento de prazer. É do ser humano. Freud explica!

Vou escrever no quadro dois números gigantescos – avisou o professor. Em seguida, apanhou o giz e escreveu devagar, com o bastão rangendo na lousa:

8976954723 & 9877453230

De viva voz, anunciou:

– Calcule o menor divisor comum destes números! Se errar ...

– não terá outra chance! – preveniu o Mestre, fazendo menção de passar o giz ao aluno.

– Não preciso! Guarde o giz! Senhor Professor — esnobou o aluno.

– Vai calcular de cabeça! – escarneceu o Mestre, com uma risadinha.

– Não Mestre! – a resposta é UM.

Hummm !!! – manisfestou a turma.

O professor pedira o menor divisor!

O Mestre mostrou-se visivelmente decepcionado. Ele propusera uma pegadinha, mas não pegara.

***

Interlúdio

Tudo começou com o UM. O algarismo zero, como o conhecemos hoje, com seu ícone **0**, veio muito depois. Do UM, o homem das cavernas, deu início a monumental estrutura conhecida por Matemática. Nada se cria e acontece no Universo que não tenha matemática. Isto se justifica por ser a Matemática inerente ao Universo. Deus quando criou o Universo estava, na verdade, criando o algoritmo matemático deste Universo. Mal comparando, o Universo é um imenso relógio, cujas peças e simetrias do seu intrincado mecanismo estão sujeitas às leis da Física-Matemática.

A Matemática regula e monitora o Universo, daí não ser demais afirmar que a Matemática é uma criação divina. Roger Penrose em sua obra "The Road to Reality" acredita nessa afirmação ao colocar o início da sua jornada junto com *os pitagóricos,* cuja organização perdurara por séculos. A irmandade tinha normas rígidas, apoiada no vegetarianismo dos seus membros e outras crenças. Não se podia matar animais. Consta que, certo dia, Pitágoras andando por uma das ruas de Samos surpreendeu um cidadão maltratando um cão. "Não o maltrate - gritou Pitágoras — este cão abriga a alma de um amigo". Os pitagóricos acreditavam que as pessoas mortas voltavam à Terra como animais.

Um observador viajando pelo espaço vai descobrir, a sua volta, formas e simetrias, sua retina vai registrar os mais diversos aspectos e coisas do ambiente. Ele vai se deparar com estrelas, galáxias, e outros objetos, ocorrendo-lhe, provavelmente, a pergunta: qual é o tamanho e a forma do espaço em que estamos? Para responder a estas perguntas, necessariamente, temos que apelar para uma métrica adequada à forma e difusão do Universo. Sobre esta questão existem várias alternativas ainda em estágios de comprovação.

Deixando de lado as questões em aberto sobre o assunto, podemos falar sobre o triângulo retângulo que estabelece uma métrica no espaço euclidiano que há muito aceita e usada com sucesso.

O conhecido e popular Teorema de Pitágoras estabelece:

$$a^2 = b^2 + c^2.$$

Estão lembrados? Querem um exemplo! *Voilà*

$$5^2 - 4^2 + 3^2$$

Este exemplo, em particular, exprime uma singularidade entre os três números! Qual é essa singularidade? Não tem nada a ver com a singularidade encontrada na Astrofísica. Lá, singularidade é a gravidade infinita no centro de um buraco negro. Aqui, trata-se de algo que é único, *singular* ... em toda a Matemática, os únicos três números *inteiros e consecutivos* que satisfazem a relação $a^2 = b^2 + c^2$ são 3,4,5. Não existem outros!

Ninguém sabe, como e quando a relação de Pitágoras foi descoberta! Os antigos egípcios e babilônios conheciam a relação, todavia, não tinham uma prova que a justificasse. Nas construções de seus prédios e monumentos serviram-se da relação $5^2 = 4^2 + 3^2$, moldada em madeira ou pedaços de cordas, usavam-na como se fora um esquadro, fornecendo-lhes recursos para levantarem paredes na vertical exata e formando umas com as outras ângulos retos. A precisão das edificações egípcias e babilônias está garantida pela exatidão da relação pitagórica.

O teorema de Pitágoras surge nos locais e horas menos esperados! A quem diga que ao se abrir um livro de Matemática ou Física, não importando o nível do texto, dificilmente deixará de se deparar com Pitágoras. Certifique-se o leitor!

Há poucos dias, abri um texto de Física-Matemática, lá estava ele. Tendo em vista o título do livro: "De Pitágoras a Einstein", não precisei ler muito, claro, para me deparar com ele.

Na verdade, a incidência do Teorema de Pitágoras nos diversos espaços geométricos tem uma explicação, com ele os cientistas respodem a muitas perguntas.

A Matemática na sua forma mais primitiva é contar objetos, para isso usa a sucessão dos números naturais 1, 2, 3..., todavia, ao evoluir, adquire outros tipos de números, outras operações sofisticadas para atender as diversas formas, transformações e simetrias dos objetos que estuda. Daí sua ânsia para a generalização, conduzindo-a para uma postura cada vez mais abstrata para que possa talvez, um dia, dar aos físicos-matemáticos condições de prever e, quem sabe, manipular a realidade a nossa volta.

Entre os procedimentos da Matemática, do contar até à solução de uma questão final, o teorema de Pitágoras tem sempre espaço na labuta matemática.

A "sociável" fórmula de Pitágoras, contudo, ao ser empregada numa época de obscuridade matemática provocou um assassinato!

A causa do crime está ligada à natureza dos números. Os pitagóricos conheciam os números naturais: 1, 2, 3, 4, 5,... Os membros da seita criada para prestar culto a Pitágoras, achavam que tudo na vida podia ser explicado por aqueles números! A eles dedicavam uma total e intensa veneração. Não conseguiam e nem poderiam imaginar a existência de outros números. No entender da seita pitagórica 2/5, por exemplo, era nada mais que a combinação dos inteiros 2 e 5, ambos mantinham as suas individualidades. Mas, quando descobriram que existia a incompatibilidade entre o comprimento do lado de um quadrado, medido por uma unidade e o comprimento da diagonal do mesmo quadrado, ficaram estarrecidos, ou melhor, em pânico. A incompatibilidade está em que não existe uma unidade de medida comum aos dois segmentos. Hoje sabemos que não existe uma fração p/q que estabeleça exatamente a razão entre os dois comprimentos; p/q no caso é um número irracional. Exemplo: se o lado do quadrado mede 6 unidades de comprimento, a diagonal medirá 8,485281374... número que os pitagóricos não conheciam. Eles esperavam encontrar sempre um número inteiro para a razão entre o lado do quadrado e a diagonal! Ciosos das normas da Irmandade tinham que guardar segredo do achado estarrecedor. O membro que contasse a outrem o segredo seria punido com a morte! Foi o que aconteceu, conta a lenda. Um deles descumpriu a ordem, dias depois morreu num naufrágio.

***

Em termos práticos, espera-se muito, muito mesmo, da Matemática! Mas não é esse o desígnio dos seus pesquisadores. Eles estudam matemática pela sua beleza e autenticidade. E difícil imaginar o êxtase de satisfação que deve acometer a um pesquisador da área, ao deparar com o que vinha procurando árduamente durante anos. Sentimos parte desse êxtase quando resolvemos um problema, seja ele de que natureza for.

Bertrand Russel conta que foi como um caso de primeiro amor quando seu irmão passou a lhe ensinar geometria, através dos Elementos de Euclides.

Quando usamos o celular tomamos conhecimento de que as mensagens do Whatsapp são criptografadas por um algoritmo que tem por base números primos. No passado, quem diria que esses entes tão excêntricos, os números primos, viriam a interagir com o nosso dia a dia. Recordando, números primos são os egoístas da Matemática, não compartilham nada! Só são divisíveis por si mesmos, e, claro, pela unidade.

***

Uma fórmula matemática é uma fonte de pesquisas e simulações por excelência. Uma sofisticada fórmula dá origem a um mundo de indagações e comportamentos. Existem fórmulas que têm dentro de si ingredientes com os quais podemos trabalhar para tirar conclusões as mais variadas possíveis. Costumo associar uma fórmula matemática a um ser vivo. Num hospital, por exemplo, os profissionais trabalham com um algoritmo, o corpo humano, do qual podem tirar conclusões, tais como: aplicando ao paciente uma medicação que aumente a sua pressão, como reagirão as suas glândulas salivares: vão produzir mais ou menos salivas, e em que ritmo isso vai acontecer? Tem um limite de produção, num intervalo de tempo x? Pode-se estabelecer esse limite? Ou então, a produção de salivas vai estar bloqueada? Como vai reagir o paciente no seu todo? Que relação podemos estabelecer entre a produção de salivas e a desidratação em determinados órgãos do organismo? Numa fórmula matemática podemos fazer o mesmo! Alimentando-a com determinados dados tirados de um intervalo prefixado, por exemplo, saber como ela vai se comportar? São perguntas que suscitam campos de pesquisas. Se uma fórmula da Física-Matemática, que envolva no seu conteúdo, um campo de funções, substituir essas funções por uma função média linear, uma vez que estamos estudando um fenômeno natural que na maior parte do tempo cogitado apresenta um valor médio, que conclusões pode o pesquisador tirar dessa sua experimentação? O número de assuntos de pesquisas pode ser ampliado a bel-prazer, dependendo da natureza da equação e a quantidade de ingredientes que entram na sua formação. Mais para frente, voltaremos a falar sobre a pesquisa em matemática.

Da solução de uma equação do tipo mais simples, passando por algoritmos sofisticados tirados de espaços multidimensionais, e viabilizados por "estranhas" álgebras e geometrias, a Matemática vem evoluindo e precisa evoluir mais. Atualmente os físicos–matemáticos lutam com o problema de conciliar certos fenômenos quânticos com a matemática atual. Quando isso acontecer, o avanço tecnológico ganhará proporções inimagináveis, podendo inclusive prever acontecimentos do porvir de tal forma que as doenças serão inibidas e o controle social poderá dominar a pobreza e o desconforto de uma velhice dependente. Esse desafio para as gerações futuras, no meu entender, só terá solução com uma matemática altamente desenvolvida. Este estágio é o grande objetivo dos matemáticos para os próximos séculos.

Matemática & Matemáticos

A Matemática é um mundo de espaços, contendo formas e entes abstratos. A interação entre os entes, dentro de um específico espaço, faz-se por leis extraídas da lógica e algoritmos construídos a partir das consequências dos teoremas estabelecidos. Ao penetrar esse ambiente irreal, o estudioso deve munir-se de agentes que possam lhe fornecer meios para entender e dominar os universos maravilhosos das matemáticas. A árdua tarefa de identificar esses agentes cabe aos investigadores matemáticos.

Apesar de a cada ano novas descobertas matemáticas serem publicadas nas diversas revistas especializadas, as pessoas, em geral, pensam que a Matemática é uma ciência acabada, não restando nada mais a descobrir. Tanto isto é verdade que existe a história do matemático que, ao ser questionado pelo fiscal aduaneiro de um aeroporto, respondeu ser um pesquisador em Álgebra. O fiscal, com ar incrédulo, rebateu:

– Como isso pode ser? Os livros de álgebra já estão todos aí prontos!

***

A Matemática, por ser uma ciência abstrata, se expressa através de símbolos próprios, submetidos a uma linguagem rígida fora do interesse e entendimento das pessoas em geral. Característica que a coloca numa posição singular em relação às demais ciências. As conquistas da Astronomia ou da Biologia são noticiadas pelos jornais e televisão, pois, trazem em si, muitas vezes, um conteúdo que atrai a atenção e curiosidade do público, enquanto as novidades em Matemática, embora sejam muitas vezes da maior significação não só para o desenvolvimento da própria Matemática em si, como também para as outras ciências, não oferecem, contudo, algo de que o homem comum possa desfrutar de imediato. Não sendo um interessado em matemática, quem compraria o jornal que estampasse a manchete:

DESCOBERTO O NOVO MAIOR NÚMERO PRIMO
DE MILHARES DE ALGARISMOS.

As aplicações sociais das descobertas matemáticas manifestam-se bem depois, o que é natural, uma vez que a matemática age como se fora e é as fundações de um novo avanço tecnológico, motivando ainda outras conquistas do ser humano, contudo, as causas desse progresso são usualmente atribuídas às outras ciências. Mesmos os desígnios dos deuses não estão fora do alcance matemático. Consta nas escrituras que Deus criou o Mundo em 7 dias! Em nenhum deles se falou em matemática! Ouso dizer: "seria redundante falar em matemática na criação do Universo!" O Criador quando fez o Mundo estava fazendo matemática! E por ter sido assim, a Matemática, desde então, passou a ser a responsável por tudo que acontece e vive neste mundo e além.

Apesar do não comprometimento da Matemática com a realidade, isto não a exime de sua importância prática, como bem retratam as palavras de um renomado físico.

O matemático joga com as regras inventadas por ele mesmo, enquanto o físico joga com as regras ditadas pela natureza: todavia, com o transcorrer do tempo, torna-se cada vez mais evidente que as regras que o matemático acha mais interessantes, são as mesmas que a natureza escolheu.

A Matemática, por ser o que é, assume responsabilidades da mais alta conta perante as demais ciências. Sempre que algo é conhecido e baseia-se num procedimento matemático, sua credibilidade aumenta consideravelmente! Por isso, a nossa esperança de vir um dia a entender por completo o Universo está presa à "criação ou descoberta" de uma matemática capaz de lidar e vencer o desafio supremo de desvendar todos os mistérios do Mundo.

No mundo atual, em que as atividades sociais exigem dispositivos eletrônicos com vários níveis de complexidade, dentro de um escopo que vai de um contador visual de números para controlar uma fila de atendimento, até o mais sofisticado aparelho de monitoramento de uma nave espacial, é importante que o homem culto tenha um sentimento de como e, sob que circunstâncias, tem sido conduzida a pesquisa matemática, ao longo dos séculos para viabilizar todos esses aparatos tecnológicos.

A Singularidade da Matemática

A Matemática tem uma característica notável: é a única ciência que, em princípio, não tem nenhum compromisso com a realidade, como já se falou. Até mesmo a Filosofia que, para alguns brincalhões, é "a ciência sem a qual o mundo seria tal e qual", tem o seu vínculo com o mundo real.

Já houve alguém que disse: "Deus geometriza tudo". Equivale a dizer que as leis da natureza são matemáticas. Aí está um paradoxo: a Matemática é indiferente à realidade e, ao mesmo tempo, é ela quem faz as leis da natureza pesquisadas pela Física. Seja como for, o fato é que a Matemática se faz de padrões nos quais as simetrias da natureza têm um papel importante.

Na natureza, tanto a menor das partículas quanto a maior das galáxias possuem simetrias intrínsecas que interessam ao físico e essas só podem ser entendidas com os padrões e algoritmos estabelecidos pelo matemático, suscitando a natureza universal da Matemática.

Para os egípcios há 4 mil anos, a Matemática era totalmente utilitária. Tinham os seus papiros nos quais as regras matemáticas eram expostas para cada classe de problemas. Eram manuais copiados por escribas e feitos para a preservação das regras aritméticas ou geométricas no decorrer das gerações. Desses papiros, dois são famosos, o de Moscou e o de Rhind.

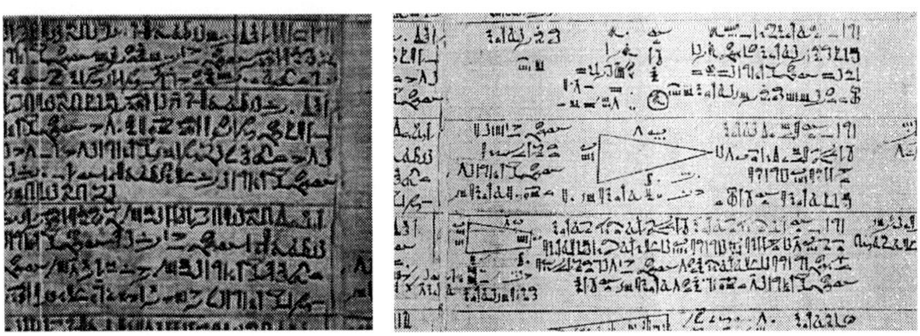

Figura 1.1 – Papiro de Rhind & Papiro de Moscou

Esses documentos milenares registram problemas do tipo:

De uma cesta de ovos uma pessoa retirou metade dos ovos mais meio ovo. Uma 2ª pessoa repetiu a operação e uma 3ª também. Depois disto, a cesta ficou vazia. Quantos ovos havia na cesta?

Imagine este problema sendo um assunto de pesquisa. Como agiria usualmente o pesquisador?

Há mais de um modo de abordar a questão. Afora os modos de abordagens, existem recomendações que um orientador de pesquisa enfatiza. Primeira recomendação: Entender bem o objetivo do propósito. No presente caso é encontrar o número de ovos na cesta. Para isso, tem-se o enunciado que deve ser lido e relido. Segunda recomendação: não inserir no enunciado coisas das quais ele não cogita. O orientador diria: ater-se somente aos fatos! No presente problema os fatos estão no enunciado. Não se pode mudar nem acrescentar nada, como talvez gostaríamos e muito menos torcer as coisas para atender a nossa intuição. Com estas recomendações em mente, vamos à questão.

Após a retirada da 3ª pessoa, a cesta ficou fazia. É um fato! Baseando–se nele, vem o raciocínio: se a cesta ficou fazia, para isso acontecer, a cesta teria no seu interior apenas um ovo. Por quê? É claro, a pessoa retirou a metade do que tinha mais 1/2 ovo, esvaziando a cesta. Então só pode ter um ovo dentro da cesta ao se apresentar a terceira pessoa: um ovo dividido ao meio deixa a sua metade; como a metade deve ser retirada, a cesta fica vazia; atendeu ao fato especificado pelo enunciado. A segunda pessoa fez a mesma coisa, deixando na cesta um ovo. Para isso ter acontecido, ela encontrou na cesta três ovos. Metade de três é um ovo e meio.

Então ela retirou um ovo e meio mais meio ovo, deixando um ovo restante. Total retirado 7, que era a quantidade de ovos que tinha a cesta. Chegamos lá! Um francês diria *toucher* !

Vou acrescentar a pergunta. Quantos ovos retirou cada pessoa?

O Último Universalista

Até aqui, falamos bastante da Matemática, suas extensões, conquistas e proezas. Uma pergunta pode ter ocorrido a você, leitor ou leitora. Terá alguém hoje que conheça todas as partes da Matemática?

Os profissionais ligados a ela dizem: "As matemáticas"... A mesma pergunta, em outros termos: hoje em dia há algum matemático que conheça as matemáticas?

Consta que Jules Henri Poincaré, primo de um dos presidentes da França, foi o último a saber de tudo sobre a Matemática. Poincaré nasceu em Nancy em 1854 e morreu em Paris 1912.

Figura 1.2 – Jules Henri Poincaré

Além de conhecer toda a matemática do seu tempo, era um divulgador de sucesso. Seus livros populares da ciência, lidos por gente de todas as idades foram traduzidos para várias línguas. Nos bares e cafés de Paris era comum encontrar pessoas lendo a matemática de Poincaré. As pessoas esperavam ansiosas por seus novos livros, enquanto os alunos disputavam lugares privilegiados nas suas aulas ou palestras. Ele fez tanto sucesso como divulgador científico que foi eleito membro da academia literária do Instituto de França.

A escritora Agatha Chrystie, atendendo sugestão de seu primeiro marido, oficial da Real Marinha inglesa, usou a aparência física de Poincaré para criar o seu detetive Hercule Poirot.

Nas geometrias não euclidianas, de que iremos falar mais à frente, Poincaré foi o autor de um dos modelos de uma delas, no qual as retas são arcos de círculos perpendiculares ao círculo fronteira, conforme se vê na figura.

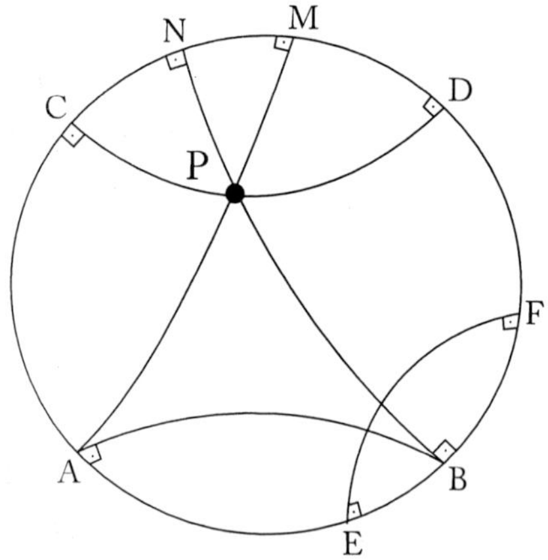

Figura 1.3 – Modelo de geometria não euclidiana

Observando o modelo, vê-se que pelo ponto **P** passam as retas **AM**, e **CD** que não interceptam **EF.** Então, as retas **AM** e **CD**, passando por **P** são paralelas à reta **EF**. Isso não acontece na geometria que conhecemos, a geometria euclidiana! Nela, passando por um ponto, existe apenas uma única reta paralela.

***

Henri Poincaré na Sorbonne teve como tutor o matemático Charles Hermite. Certa ocasião houve um mal–estar entre ambos. Charles Hermite iria dar uma palestra sobre uma nova e estranha geometria. Palestra em que estava muito entusiasmado e empenhado. Esperava-se no dia agendado, a presença de Poincaré na primeira fila do anfiteatro, tal fato não aconteceu, o que deixou Hermite muito contrariado. Entretanto, Poincaré chegou no fim da apresentação.

Figura 1.4 – Universidade Sorbonne

Logo que acabou a palestra, o retardatário foi se desculpar com o amigo palestrante. Ao pedido de desculpas, Hermite fez um ligeiro gesto com a cabeça e fixou por um tempo o colega. A seguir, irritado, disse em alto e bom som: "Poincaré, você, hoje, deixou de conhecer um novo universo."

Daquele dia em diante, o relacionamento entre os dois mestres não foi o mesmo. Quando se encontravam, trocavam cumprimentos sem demonstrarem entusiasmo. Antes, não! Apertavam as mãos sorridentes.

O fato não parou aí. O que aconteceu a seguir, sugere o envolvimento do professor Hermite.

***

Certo dia de maio, Poincaré recebeu uma carta pedindo o seu comparecimento à Arquidiocese de Paris, onde foi recebido pelo cardeal Camerlengo.

Na audiência com o cardeal, Poincaré fora informado do descontentamento do Papa Leão XIII com o teor das palestras do professor que divulgava uma geometria contrária aos princípios da Igreja. O Santo Ofício nos seus cânones aceita como legítima e divina a geometria euclidiana. Qualquer outra geometria fora dos princípios euclidianos vai de encontro aos preceitos e dogmas da Santa Igreja Católica.

Figura 1.5 – Papa Leão XIII

O cardeal lembrou ao matemático que a geometria euclidiana é ensinada nos mosteiros beneditinos desde a Idade Média. Todo sacerdote forma-se, sob juramento, da certeza da geometria euclidiana, estudada no Quadrivium. "O não cumprimento dos ensinamentos adquiridos pode ter consequências drásticas". Já houve casos de sacerdotes, principalmente beneditinos e jesuítas, tidos como os mais cultos e bem formados padres da Igreja, serem levados a julgamento nos moldes da Santa Inquisição e expulsos de suas congregações. Consta que alguns chegaram a ser condenados à fogueira.

Figura 1.6 – Quadrivium

Henri Poincaré saiu um tanto abalado da audiência. Não estava acreditando no que ouvira. Para ele aquilo tinha sido um despropósito dos grandes. Procurou apagar da mente a entrevista. Afinal, era final do século XIX e ainda havia gente, e pior, membros da Igreja com instintos medievais!

Apesar da sutil e educada advertência do cardeal, Poincaré continuou divulgando entre seus alunos e admiradores a estranha geometria. Todavia, as palestras eram feitas no meio de outras cogitações acadêmicas. Muitas vezes Poincaré, para não se expor, avisava que se tratava apenas de uma geometria imaginária, sem qualquer conotação verdadeira ou prática. Tratava-se de uma especulação agressiva aos princípios euclidianos.

Carl Friedrich Gauss (1777-1855) foi de sua parte um dos matemáticos que cogitou da estranha geometria. Consta que ele, Gauss, na verdade foi o primeiro a descortinar, anos antes, a possibilidade da estranha geometria, todavia mostrou-se receoso em divulgar a novidade com receio de desagradar o Clero. Deve-se a ele a denominação "Geometria não euclidiana" para a desconhecida e *estranha geometria.*

***

Certa feita, num de seus passeios pela cidade de Paris, Poincaré foi abordado por um rapaz, que lhe fez a seguinte pergunta:

– Por que numa via férrea os trilhos, de perto, são paralelos, mas de longe, parecem se encontrar?

Figura 1.7 – Via férrea

O matemático com seu espírito jovial, respondeu:

– Parecem se encontrar, não! Eles se encontram... no infinito – concluiu.

O rapaz olhou incrédulo para o famoso matemático, dizendo:

– O *Monsieur*, acredita no infinito?

***

A Surpresa de Poincaré

Usualmente, para as pessoas, a palavra função quer dizer atividade; na Matemática trata-se de uma correspondência. Um número associado ao seu dobro é uma função bem simples. Em outros termos, o dobro de um número depende do valor desse número. Esta aí uma correspondência ou dependência! Os matemáticos buscam essa dependência e coisas afins entre os objetos que estudam. Padrões e simetrias da natureza ou de objetos matemáticos levam a correspondências notáveis; o diâmetro de um círculo é um eixo de simetria, acarretando a correspondência: o comprimento da circunferência de um círculo depende do diâmetro. Tais simetrias constituem os ingredientes mais cobiçados pelos matemáticos.

Quando as encontram, procuram expressá-las em fórmulas. Parte difícil das suas atividades. Encontrada a fórmula ou a relação de dependência, procuram esmiuçá-las testando os parâmetros aceitáveis e principalmente as simetrias subjacentes a esses padrões. Pois, só assim podem estabelecer as generalizações que constituem o Santo Graal dos matemáticos!

Em certa ocasião de seus estudos, Poincaré deparou-se com um tipo *estranho* de função, levando-o a duvidar por quinze dias da sua descoberta. São funções que se repetem a si mesmas, dependendo da espécie de números pelos quais se substitua o **x**. Ele as batizou pelo nome de *automórficas*. São criaturas muito extravagantes, porque atendem a situações de simetrias nunca vistas antes, além de serem difíceis de visualização.

***

O leitor e a leitora, provavelmente, já estão cansados de Poincaré, mas, perdoem-me a insistência no assunto, pois tem mais coisas sobre ele!

***

A propósito de coincidências e não mais correspondências, há uma passagem engraçada com Poincaré. Um nobre inglês perguntou a Bertrand Russel quem era a maior personalidade francesa dos tempos modernos, Russel respondeu rapidamente: “Poincaré”. O que, aquele homem?! – exclamou o nobre mal informado, achando que Russel estava se referindo a Raymond Poincaré, Presidente da França.

— Oh, não! – respondeu Russel – Estava pensando no primo dele, Henri Poincaré.

No Congresso Internacional de Matemática de 1908, em Roma, Poincaré não pôde fazer a sua exposição intitulada "O Futuro da Física Matemática" por motivo de saúde: fora submetido a uma cirurgia da próstata. Nessa exposição o matemático iria antecipar-se a Einstein, apresentando os rudimentos da teoria da relatividade especial.

Quatro anos depois, submeteu-se a uma segunda cirurgia, em 9 de julho. A intervenção foi um sucesso, mas no dia 17, seis dias depois, morreu de repente de uma embolia, enquanto se vestia. Estava no auge de sua criatividade.

***

O Inimigo Público das Geometrias Não Euclidianas

Immanuel Kant (1724-1804) apesar de nunca ter saído de sua cidade natal, Konigsberg, revolucionou a Filosofia com suas ideias humanísticas expostas nas suas três obras clássicas *Crítica da Razão Pura, Crítica da Razão Prática e Crítica da Faculdade de Julgar.* O filósofo vendo que o universo perdera a sua harmonia, transformando-se num caos, optou por opinar sobre uma nova forma de fazer ciência. Não mais no modo contemplativo, mas sim, aprofundando-se na aparência e significado da natureza. Ao chegar à geometria, a Crítica da Razão Pura afirma que vivemos num Universo tridimensional euclidiano sem possibilidades de outras geometrias! E mais, afirmou o filósofo: a mente humana, construída nos moldes euclidianos, jamais acomodaria nela outra geometria.

Mal sabia o filósofo que duas estranhas geometrias estavam a caminho.

Essas geometrias apresentavam resultados que iam de encontro a nossa intuição. Numa via férrea, todos sabemos e aceitamos, os trilhos são paralelos, guardam a mesma distância um do outro ao longo de todo o caminho.

Em geometrias não euclidianas este sentimento intuitivo de distância constante entre duas retas paralelas é desafiado! Numa delas a distância não é constante, ao contrário, as retas se afastam uma da outra; já em outra geometria não existem retas paralelas! A reta nessas geometrias, também, não é a que conhecemos. Imagine, leitor, a construção de uma geometria para toda a superfície da Terra! Uma linha, ligando dois pontos bem afastados um do outro no oceano Pacífico, não pode ser uma reta. Entra na história a curvatura da Terra. Concorda, leitor/leitora?

Figura 1.8 – Immanuel Kant

Por volta de 1900 Albert Einstein (1879-1955) brigava com sua mente que teimava incutir-lhe pensamentos fora do contexto científico da época. Não estava dando crédito ao que lhe vinha à cabeça. Para afastar esses pensamentos Einstein agarrava-se com empenho redobrado nas suas atividades de avaliador de projetos apresentados à repartição em Berna, em que trabalhava. Os autores dos projetos requeriam o direito às correspondentes patentes aos seus inventos. Einstein acabou perdendo o emprego e a briga com sua mente. Como resultado dessa dupla perda, fez com que ele em 1915 apresentasse o trabalho que viria a ser conhecido como teoria da relatividade especial. A sua teoria maior, relatividade geral foi concluída anos depois.

Essa teoria maior exigiu uma matemática para a qual Einstein não estava preparado. Pediu ajuda ao matemático Hermann Minkowsky (1864-1909) que, para tanto usou uma geometria não euclidiana.

Euclides estava destronado... e com ele Immanuel Kant!

***

A realidade não é o que vemos. Platão explica isso no segredo da caverna. Pessoas portando armas e outros objetos de formas salientes são colocados no interior de uma caverna escura, onde arde uma fogueira. Uma vez no interior da caverna, as pessoas e seus pertences são imobilizados de sorte que só podem olhar na direção da parede em frente. Suas sombras projetadas pela fogueira adquirem vida e movimentam-se na parede ao sabor das labaredas. O mundo dos infelizes são aquelas formas assumindo os mais variados aspectos. O mundo deles são sombras escuras e terrificantes. Ao trocarem um aperto de mãos, o gesto assume na parede uma forma assustadora, tornando a projeção horripilante, podendo levar os observadores ao pânico. As consequências da experiência são imprevisíveis! No entanto, argumenta Platão com sua alegoria da caverna, dizendo: nada é real, apenas sombras! Para os prisioneiros, no entanto, o mundo das sombras é a realidade deles.

Kant viveu num tempo em que a religião católica predominava e, assim, talvez, para ser simpático ao Papa que na época acompanhava a ansiedade de vários geômetras, tentando dar à geometria euclidiana o favor imerecido de ser a única geometria possível num universo cristão, resolveu dar a sua respeitável, mas infeliz opinião a respeito da corrida para a prova do 5º postulado de Euclides.

O erro de Kant não atingiu só a teoria de Einstein: atualmente, a Cosmologia lidando com buracos negros, buracos de minhoca, matéria escura, teoria das cordas, teoria M, universos paralelos e hiperespaços é obrigada a levar em conta as mais bizarras geometrias!

Atualmente a ciência está muito à frente da filosofia. No passado, a filosofia como juíza do conhecimento opinava sobre as conquistas das ciências, fazendo o seu julgamento, levando em conta a nossa intuição subjugada às aparências. Claudio Ptolomeu do início da era cristã suponha a Terra no centro do sistema solar que condiz com o que vemos. Ptolomeu criou o seu modelo baseando-se no que presenciava: aparência. A filosofia aceitou de pronto o geocentrismo científico. Se as aparências não mentissem jamais, há muito já teríamos alcançado o ápice do conhecimento científico. Além do que, se nossa intuição não falhasse nunca, há muito já teríamos conhecido todos os segredos de Universo. Até a época de Poincaré, os filósofos, em igualdade com os matemáticos, podiam trocar opiniões. Nos dias de hoje, século XXI, as ciências em geral requerem uma matemática fora do alcance filosófico. Ludwig Wittgenstein, disse: "A única tarefa que resta à filosofia é a análise da linguagem."

Kant não se limitou apenas ao tipo de geometria do Universo, cogitou também da questão: o Universo teve um início, ou sempre existiu? Se sempre existiu, qualquer acontecimento na sua existência tem um passado infinito. Se por outro lado, o Universo teve um início, esse acontecimento, sua criação tem também um passado infinito, isto é, antes do Universo ter nascido, houve antes uma extensão infinita no tempo. As duas hipóteses conduzem a um mesmo resultado: um período de tempo infinito. Uma contradição, que para Kant era tida como um absurdo! Ele chamava essas questões de antinomias. Na verdade, o absurdo desaparece, observando que as duas hipóteses pressupõem o infinito dividido em partes finitas de tempo. Aqui sim, está o absurdo da argumentação. Seria o mesmo que procurar dividir a reta euclidiana em duas partes iguais.

O filósofo Kant, calvinista, não aceitava um Universo sem início. Se o Universo sempre existiu, perguntava ele: como Jesus teria nascido se teríamos que esperar uma infinidade de dias para chegarmos ao do seu nascimento?

Com o aparecimento das geometrias contrárias à de Euclides houve uma revolução no meio científico e como Kant era um dos filósofos de muito prestígio e respeito e tendo se manifestado a respeito, enfatizando o fato de ser a euclidiana a única geometria inerente ao cérebro humano, isto é, um conhecimento *apriorístico* fez com que os matemáticos, em geral, desprezassem as novas geometrias, com medo de serem perseguidos pelos radicais fanáticos, entre os quais tinham membros importantes da Igreja Católica. Esses fanáticos, inclusive, amedrontaram Gauss que já tinha descortinado bem antes a possibilidade de novas geometrias, mas... não disse nada com receio de prejudicar-se.

Immanuel Kant viveu o tempo todo na cidade de Königsberg, capital da Prússia. Sistemático por natureza, as pessoas acertavam seus relógios pelas suas idas e vindas pela cidade. O filósofo tinha a hora certa para tudo que fazia. Levantar e deitar, tomar suas refeições passear com o cachorro e tudo o mais.

Numa dessas suas caminhadas, um desocupado fez-lhe uma pergunta que deu origem a um problema de matemática que, apesar de não envolver números, teve grande repercussão no desenvolvimento e enriquecimento da Matemática.

A cidade de Königsberg era banhada pelo rio Pregel com sete pontes, das quais três ligando a margem B às ilhas A e D. 3 outras pontes ligam a margem C às mesmas duas ilhas. Uma sétima ponte D liga as ilhas A e D.

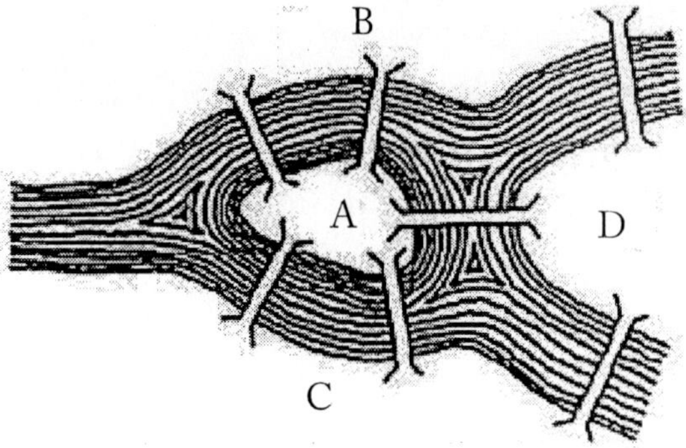

Figura 1.9 – As 7 pontes de Königsberg

Veja o leitor a que consequências provocantes pode levar uma pergunta desafio de um desocupado da cidade natal de Kant. "É possível uma pessoa, saindo de uma das margens do rio, passar uma única vez por cada uma das sete pontes e voltar ao ponto de partida?" O desafio gerou muitos comentários, disputas e "soluções". Contudo, nenhuma verdadeira.

A pergunta chegou ao conhecimento de Euler, na época, matemático da corte alemã. Tinha sido convidado por Frederico, o Grande, para chefiar a seção de Matemática da Academia de Berlim.

Como de hábito, o matemático estava dando aulas particulares à Princesa, quando um assessor do rei, interrompendo os ensinamentos do preceptor, comunicou: "Sua Majestade pede sua presença."

Devido à simplicidade e modéstia de Euler, o arrogante monarca não simpatizava com o jeito de ser do matemático: havia sempre discussões grosseiras entre ambos. Houve muitos desentendimentos entre ele e o arrogante monarca que gostava de luxo e suntuosidade. Euler apresentou-se logo ao Rei.

– Herr Euler! Os habitantes da capital estão em uma ferrenha disputa sobre a solução de uma proposta caminhada pelas 7 pontes da cidade. Quero uma solução o mais rápido possível para a questão antes que venha a se transformar num assunto maior! – exagerou o Monarca.

Euler não disse nada. Cumpriu a formalidade de se retirar do salão dourado, fez a vênia de praxe e ao se afastar, manteve-se de frente para o trono.

Logo que saiu, procurou se inteirar do pedido do Rei e em dois dias apresentou a solução divulgada em seguida.

Para chegar à resposta, Euler simplificou o problema traduzindo-o no esquema abaixo. As pontes são linhas e as margens pontos.

Não é possível a caminhada proposta! Haverá solução se a ponte 6 (BD) for substituída por outra, ligando A a C. (ver esquema a seguir)

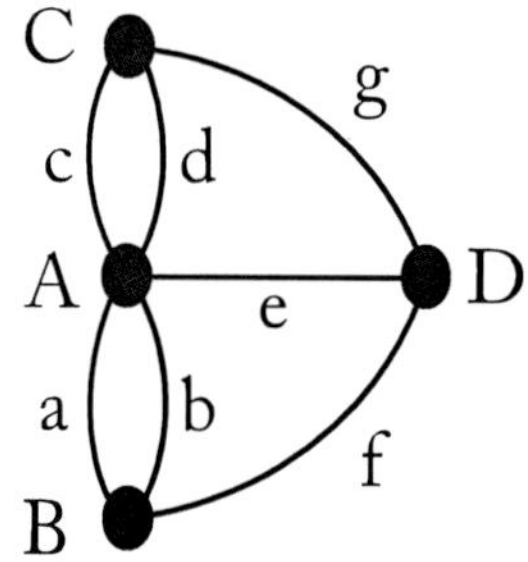

Figura 1.10 – Esquema da solução das 7 pontes de Königsberg

A Grande Pirâmide

Tales de Mileto (624-558 a.C.) vivia viajando. Começou a vida como mercador e como tal, adquiriu fortuna. Historicamente é considerado um dos sete sábios do Mundo Antigo, dividindo a honraria com Bias de Priene, Quílon de Esparta, Cleóbulo de Lindus, Periandro de Corinto, Pítaco de Metilene e Sólon de Atenas.

Tendo começado a trabalhar muito cedo; aos 30 anos, como comerciante, tornou-se rico e, a partir daí, passou a estudar astronomia e matemática. Natural da Grécia, viajou para o Egito a fim de se instruir em geometria com os sacerdotes da Casa do Saber. Na época, a matemática egípcia era considerada de ponta, tendo como testemunhas desse conhecimento os seus suntuosos templos, os monumentos e as gigantescas pirâmides.

Figura 1.11 – A Esfinge

Nesta sua primeira visita às terras dos Faraós fora bem acolhido, tornando-se um aluno brilhante. Além de se inteirar da matemática essencialmente prática dos egípcios, passou aos sacerdotes seus conhecimentos de outras disciplinas. Houve, portanto, uma troca de saber.

De posse da geometria utilitária dos egípcios, Tales, naturalmente, buscou a veracidade subjacente à prática da matemática egípcia. Com isso, ele desenvolveu a geometria dedutiva, sendo por isso tido, por alguns, como o primeiro matemático da história.

De volta à Grécia, Tales continuou seus estudos e pesquisas. Deve-se a ele as provas das seguintes proposições da geometria:

a. divide-se um círculo em duas partes iguais por um de seus diâmetros;
b. se um triângulo tem dois lados iguais, os ângulos opostos a esses lados
também são iguais; e
c. Se a figura formada por um diâmetro e dois outros segmentos partindo das extremidades desse diâmetro é um triângulo com o ângulo oposto ao diâmetro igual a 90º. Ou seja: é um triângulo retângulo.

***

Na sua segunda viagem ao Egito, a sua fama o precedera. Já eram conhecidos seus feitos e descobertas. Foi acompanhado de Pitágoras, seu discípulo. Ao saber de sua presença em Luxor, a capital, o faraó Amósis II se interessou em conhecer o famoso sábio. Uma audiência foi marcada, e Tales foi recebido com toda pompa no salão dourado. Cumpridas as requintadas formalidades que antecedem a um encontro daquela natureza, conduzidas por um dos sacerdotes, o Faraó foi direto ao ponto, expondo antes a razão de Tales estar ali na sua presença, condição desfrutada por poucos dos mortais.

– Sua fama como conhecedor dos vários procedimentos de medidas das coisas, chegou até aqui!

Tales fez um gesto de assentimento, sentindo-se desconfortável diante de tamanha ostentação e brilho do ambiente. Em volta tudo era ouro! Ornamentos, estátuas, cadeiras e cortinas com adereços dourados. A iluminação um tanto difusa era filtrada por aberturas, umas retangulares outras circulares guarnecidas em volta por guirlandas pontilhadas de pedras brilhantes.

Presentes à audiência estavam o Faraó, Tales ao lado do Sacerdote, e mais os guardas em volta do trono, armados e com vestimentas metálicas douradas. Cada um deles trazia na cintura espadas curtas e bainhas enfeitadas com espécies de grinaldas de panos de vários matizes. Todos os guardas mantinham-se imóveis, compenetrados de suas obrigações e deveres para garantirem a segurança do Faraó.

O Faraó continuou:

— Ficará ao seu juízo medir a altura da Grande Pirâmide. Nossos calculadores não sabem como medir. Alegam que a medida direta é impossível pela falta de acesso ao interior central da pirâmide.

— Divindade, posso fazer uma pergunta? — Tales arriscou sua timidez, em meio àquele ambiente de áurea e esplendor. Poucos teriam essa iniciativa sem ter permissão para tal.

Naquele instante, um silêncio absoluto tomou conta do salão.

Do seu trono majestoso, o Faraó baixou os olhos para o interlocutor, surpreso, mas sem disfarçar a curiosidade. Transcorreram alguns instantes, sem qualquer gesto do Soberano. A tensão cresceu no ambiente, mas ninguém disse nada, até que o Faraó fez um gesto para o Sacerdote Maior, um homem bem forte e de gestos bruscos. Este dirigiu-se a Tales, dando permissão a que ele falasse. Tales falou.

— Pergunto o porquê do interesse na altura da Grande Pirâmide.

O sacerdote respondeu.

— A altura da Grande Pirâmide somada às das duas outras menores, segundo os deuses, dará o número de meses lunares de permanência do Faraó em seu jazigo antes de se juntar aos seus pares, no outro mundo, espiritualizando-se no deus criador Rá-Atum.

Tales saiu da audiência, claro, pensando de que modo iria medir a altura da pirâmide. Lembrou-se do modo que em certa ocasião mediu a distância da praia a um navio. O procedimento que usou envolvia a igualdade de dois triângulos. Na mente viu o esquema da sua façanha.

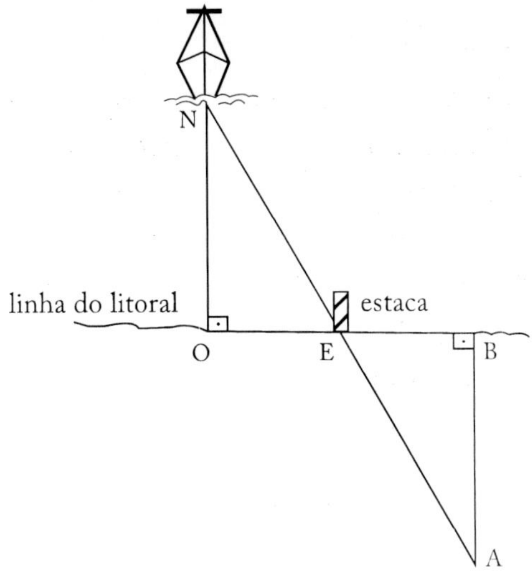

Figura 1.12 – Distância de um navio à praia

Fixa-se no solo a estaca vertical E. Anda-se certa distância EB. A partir daí caminha-se na perpendicular à praia até A, de modo que o navio, a estaca e o ponto A fiquem na mesma reta NEA. Medindo o comprimento AB tem-se a distância do navio ao litoral. Se EB for menor que EO, para obter a distância ao navio, multiplica-se o valor medido de AB pelo número vezes que EO é maior que EB.

Esta regra de comparar as medidas de triângulos com lados iguais ou proporcionais, denominada lei de semelhança, descoberta por Tales, além de benefícios dentro da própria Matemática em si, encontrou várias aplicações, começando na construção de maquetes, desenhos em escala e na lógica de aparelhos de medidas de distâncias terrestres e astronômicas, mapas geográficos, e terminando com os sofisticados modelos de computação gráfica,

No dia marcado, Tales já cedo estava no planalto de Gizé. Por volta da metade da manhã chegou a caravana do Faraó com todo o seu aparato de segurança e ostentação. O palanquim, conduzido por quatro escravos, com o suntuoso trono, no qual estava o Faraó, vinha à frente do desfile.

Próximo da grande pirâmide o cortejo parou e o palanquim, aos cuidados dos escravos, foi posto no chão arenoso, sustentado agora, o palanquim, pelos seus próprios pés. Apareceu logo uma escada de dois degraus, toda trabalhada em madeira vermelha para o Soberano descer e ir sentar-se na cadeira real, trazida por dois robustos escravos. Um dos oficiais da segurança do Faraó deu instruções aos guardas que se postaram de imediato aos lados da cadeira real.

Dois escravos juntos ao espaldar da cadeira moviam abanos para conforto do Rei. Já naquela hora da manhã o calor era abrasador, apesar da brisa reinante.

Tales foi solicitado por outro palaciano a se aproximar. Na frente do Rei, o sábio fez as mesuras de praxe e, a seguir, pediu permissão para executar a tarefa para qual estava ali. Concedida a permissão, Tales se afastou, dirigindo-se para uma das laterais da Pirâmide de Quéops, nome da maior das pirâmides. Vizinhas dela havia mais duas outras, bem mais baixas. Tales contava com a ajuda de dois escravos; um deles passou a acompanhar Tales nas suas idas e vindas ao longo da lateral da pirâmide. Lateral que acompanhava o movimento da sombra do monumento. Num dado instante, Tales, afastando-se para o lado, parou e olhou para o alto da pirâmide. Estava visivelmente impressionado com a altura da gigantesca obra. O público em volta acompanhava atentamente o seu vai e vem.

Demonstrando preocupação com o que tinha a fazer, a seguir Tales, olhando mais uma vez para o pico da pirâmide fez sinal para o escravo que o acompanhava. Este trazia uma estaca de uns três palmos. Obedecendo a instruções do sábio, fincou verticalmente no solo a estaca que, de imediato, projetou sua sombra nítida no solo brilhante pelos raios solares. O outro escravo recebeu instruções para acompanhar o movimento da sombra da pirâmide.

Tomadas essas providências, Tales e os dois escravos nada mais tinham a fazer, a não ser esperar pelo Sol correr pelo céu. O tempo passava e ninguém entedia o porquê da espera.

O porquê da espera é simples de explicar. Quando o comprimento da sombra da estaca coincide com o valor da sua altura, o mesmo se aplica à pirâmide. A altura dela iguala-se ao comprimento da sua sombra mais o da metade da base.

Por fim, Tales fez um sinal para o escravo que vigiava a sombra da pirâmide e este, de pronto, marcou no chão com uma pedra a ponta do vértice da sombra. A seguir, Tales mediu a passos o comprimento do afastamento da pedra em relação à lateral da pirâmide. Somando a essa distância a metade do comprimento da base, tem-se a altura procurada. Tales fez o cálculo e encontrou a altura: 223 côvados. [1]

---

[1] Côvado, unidade de medida da época.

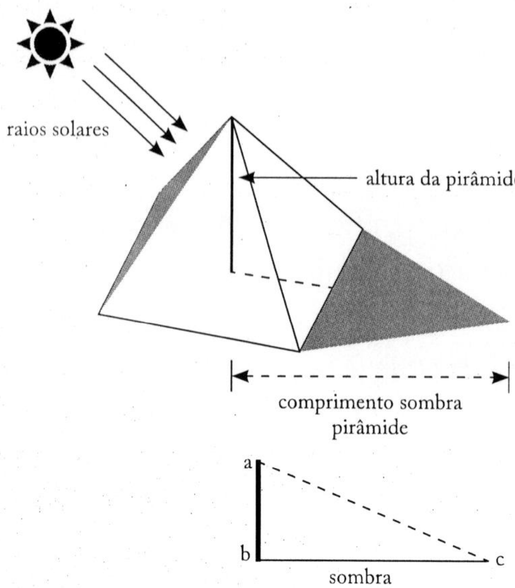

Figura 1.13 – Esquema geométrico da medida indireta da altura da Grande Pirâmide

***

Existe outra versão para esta história. Começa assim:

Tales chegou a Luxor, sendo logo convocado a se apresentar ao Faraó. Sua fama de grande geômetra o precedera.

Foi recebido pelo Rei com todos os requintes e regalias prestadas a um embaixador. Não era comum um sábio grego da envergadura de Tales visitar o Egito, apesar de se levar em conta que a matemática dos egípcios, ainda que essencialmente prática, fosse tida como de ponta. Tales, em contrapartida, trazia em si uma matemática dedutiva. Daí o interesse do Rei do Egito em recebê-lo em sua corte.

Tales, entretanto, não fazia ideia do que o esperava! O Faraó em poucas palavras deu as boas vindas ao sábio, mas, em seguida foi logo dizendo:

– Quero saber a altura da pirâmide de Quéops, usando um método indireto, pois de outro modo torna-se uma tarefa árdua e, provavelmente, demorada e imprecisa.

Suas palavras dirigidas a Tales demonstravam um desafio. Tales, contudo, já tinha em mente o que iria fazer para responder ao desafio. De sua parte o Faraó, ao lançar a questão, não escondia o seu desconforto. Apesar de suas vestes ricas em ouro e pedras preciosas, estava ali, presidindo a audiência, apenas para cumprir mais uma missão criada pelos sacerdotes em nome dos deuses dos quais o Faraó era o representante na Terra.

Estava claro que a sabedoria de Tales seria testada com aquele desafio. Além de ser estrangeiro, e mais, de fama, Tales não poderia contar com qualquer ajuda dos sacerdotes.

No dia marcado, em pleno deserto, próximo das três pirâmides, logo cedo, o local estava apinhado de expectadores, embora poucos ali conhecessem o motivo da reunião. Transcorria o décimo primeiro mês do ano 597 a. C., época em que o sol do meio-dia projeta as menores sombras. Ao se aproximar a hora da prova, o Mestre de Cerimônia, o Sacerdote Maior, pediu a Tales que se adiantasse e se colocasse diante do Soberano. Tales viu-se diante de uma criatura frágil e de semblante entediado. Em cada lado do Rei, um soldado todo paramentado em cores brilhantes, mantinha-se numa imobilidade impressionante, mais parecendo um boneco de gesso. Cada um deles empunhando uma lança comprida que ultrapassava seus capacetes ornados de penas coloridas. As lanças eram guarnecidas com pontas triangulares e reluzentes. O brilho das suas pontas, realçado pelos raios solares, fez com que Tales olhasse para o alto para medir o tempo que teria para cumprir a sua tarefa. Tinha pouco tempo! O Sol estava se aproximando do meridiano celeste, instante ideal para Tales calcular não só a altura como também a latitude da pirâmide. A latitude seria o algo mais que Tales apresentaria ao Faraó, esperando surpreendê-lo com essa façanha.

Tales ajoelhou-se e só se levantou quando o Faraó ergueu o cetro.

Como é sabido, os faraós, tidos como deuses, quando morriam, seus corpos eram levados para as câmaras mortuárias com todos os seus criados, pertences e alimentos. A crença era de que suas vidas continuavam após a morte.

Na exuberante antessala da extensa câmara mortuária, havia um aparador sobre o qual estaria um papiro historiando fatos e feitos relacionados à vida terrena do soberano deus. Entre esses dizeres deveria estar a altura correta da pirâmide-túmulo: o que estava para ser feito. A altura seria a da pirâmide maior.

Após esses preparativos iniciais o Sacerdote Maior, dirigindo-se aos expectadores, expôs os motivos daquela cerimônia e a seguir dirigiu o olhar ao Faraó e esperou. O Faraó falou a um dos seus assessores ao seu lado para depois então autorizar o Mestre de Cerimônias a dar início à prova. Este cumprindo o rígido ritual foi até Tales e entregou-lhe um papiro e mais um ou dois objetos. Tales passou-os ao seu escravo.

Tales tinha pouco tempo para cumprir a tarefa! O Sol aproximava-se do meio-dia, instante sabiamente escolhido por ele para efetuar os cálculos. Sabe-se a hora do meio-dia pela menor sombra projetada no solo por uma vara ou bastão colocado na vertical.

Após falar com o Mestre de Cerimônias, Tales de frente para o trono, abaixou a cabeça em sinal de submissão total ao Faraó deus.

A seguir pôs-se a trabalhar rápido, pois o Sol na sua ascensão em altura estava aproximando-se do meridiano celeste do lugar. Tales recebeu do escravo um bastão quase da sua altura e encaminhou-se para as proximidades da pirâmide maior. Em um ponto fora da sombra da enorme construção, fincou verticalmente a vara no solo. Esta projetou uma tira de sombra no solo arenoso. A seguir, a partir do centro da base do monumento contou o número de passos até a extremidade da sombra. Esse seu vai e vem terminou ao meio-dia. Fez alguns cálculos no papiro, e, encaminhando-se em direção ao trono real, parou a uma distância respeitável. Ninguém podia falar diretamente ao Faraó. Um dos ministros veio até ele para ouvir o que tinha Tales a informar.

— A altura da pirâmide mede 223 côvados![2] — informou Tales e explicou: O tamanho da estaca dividido pelo comprimento da sua sombra, é igual à divisão da altura da pirâmide pela sombra da pirâmide. Em números:

$$\frac{2}{4} = \frac{223}{446}$$

[2] Um côvado equivale a 3 palmos, ou 0,66m. Portanto, 223 côvados = 147,2m

Na verdade Tales resolveu uma regra de três baseando-se na razão de semelhança entre o triângulo formado pela altura da pirâmide e sua sombra e o triângulo dado pelo bastão e sua sombra (Figura 1.13).

Tales não parou por aí. Chamou o seu dedicado escravo que lhe estendeu outro papiro. Neste havia uma extensa tabela com números. Tales a consultou durante alguns instantes, enquanto que por milagre fez-se um silêncio inexplicável a não ser pela expectativa dos presentes num possível erro do geômetra. Mas, longe disso! Tales iria oferecer ao Faraó mais um dado significativo para a sua sepultura, até então nunca apresentado pelos faraós anteriores. Tales estava calculando nada menos que a latitude geográfica da pirâmide.

A tabela que Tales consultava tinha a declinação do Sol para a data em questão. O comprimento da sombra oferecia-lhe também a distância zenital, que é o complemento da altura do Sol[3]. Com a declinação do Sol combinada com a distância zenital, Tales pode saber a latitude do túmulo do Faraó.

O Soberano egípcio, informado pelo que Tales tinha apresentado a mais, além da altura corretamente calculada da pirâmide, cobriu o matemático com todas as honrarias e méritos de que sua corte poderia oferecer, além, é claro, de sua admissão honrosa na Casa do Saber.

Existe uma terceira versão para a façanha de Tales.

---

[3] Altura de um astro, no caso do Sol, para um dado observador, é a distância em graus do arco que vai do nascer do Sol até a sua posição no céu no instante da observação. Quando a altura é medida ao meio-dia o seu complemento comparado com a declinação do Sol resulta no valor da latitude em que se encontra a pessoa que mediu a altura do Sol. Declinação é o equivalente da latitude do ponto de intersecção da reta que liga o Sol ao centro do nosso planeta.

No dia certo para a prova, o local, logo cedo, estava cheio. Todos queriam conhecer o estrangeiro recém-chegado e ver como ele se sairia na tarefa que lhe fora imposta. Ao se aproximar a hora da prova, o Sacerdote Maior anunciou a presença do Rei Amasis. Este fez o sinal de que estava aberta a solenidade e a palavra passada a Tales. O matemático se adiantou e, a uns três ou quatro passos do palanque-móvel, parou e fez o sinal de submissão usual, declarando em seguida que, a partir daquele instante iria medir, por meios indiretos, a altura da maior das pirâmides. Tales trazia consigo, apenas, um bastão de madeira. Ninguém acreditou nele, pois não tinham ideia de como ele iria realizar aquele feito. Um homem sozinho para medir uma construção de dezenas de metros de altura.

Tales agiu rápido, tinha pouco tempo. O meio-dia se aproximava e pela sua estratégia ele deveria usar o Sol na sua passagem meridiana, isto é, quando o astro está no meio do seu caminho diário. Tomou o bastão, quase do seu tamanho e se encaminhou para as proximidades da pirâmide maior. Em um ponto fora da sombra da grande pirâmide, fincou verticalmente o bastão no solo. Este projetou uma tira de sombra no solo arenoso. A seguir, Tales foi até o lado da base do monumento e a partir do centro do lado contou o número de passos até a extremidade da sombra da imensa construção. Esse seu vai e vem terminou ao meio-dia. De posse de uma pequena vareta fez uns poucos cálculos na areia a seus pés e voltando-se em direção ao palanque real, anunciou:

A altura da pirâmide mede 223 côvados! E deu a mesma explicação falada na versão anterior da história.

O Faraó e sua corte ficaram maravilhados com a proeza de Tales. Os curiosos que viram o seu desempenho manifestaram–se com gestos de aprovação e júbilo à inaudita façanha do sábio e, por aqui, ficou a história.

II – Desafios & Cifras

Matemática & Magia

Se você vai hoje a um caixa eletrônico para efetuar uma operação, talvez não tenha ideia da matemática envolvida nessa comodidade, mas, claro, não irá pensar que o sistema age por processos mágicos.

Entretanto, no século dezesseis as pessoas, na sua maioria, iriam pensar diferente! É o que comprova a história de François Viète (1540-1603), o maior matemático da França naquele século.

Figura 2.1 – François Viète

Tudo começou com o desafio público que fez, no seu país, o matemático belga, Adriaen van Roomen ou Romanus, propondo a solução da equação

$$x^{45} - 45x^{43} + 945x^{41} - \ldots - 3\,795x^{3} + 45x = K$$

do quadragésimo quinto grau, numa época em que poucas pessoas teriam condições de resolver uma equação do segundo grau!

O embaixador belga apresentou a questão ao rei da França Henrique IV (1553-1610) e provocando os ânimos afirmou que a França não tinha um matemático capaz de resolver o problema proposto por seu compatriota. Viète foi chamado e, por felicidade, logo ao examinar a equação verificou que na verdade ela traduzia um desenvolvimento trigonométrico, no qual **x** poderia ser substituído por $2\text{sen}\theta$. Com isto, em poucos minutos, encontrou duas raízes e posteriormente achou mais vinte e três. Não encontrou as vinte e duas restantes porque são negativas e, naquele tempo, os matemáticos ainda não conheciam esses números. O fato aconteceu na presença de toda a realeza, palacianos e embaixadores, incluindo, é claro, o Núncio Apostólico. Com isto, François Viète, já famoso na época, adquiriu ainda mais popularidade e notoriedade. Nos dias seguintes ao acontecimento, sugiram comentários e considerações sobre o feito, para muitos, miraculoso. Mas não foi só esta a proeza de Viète. Em revide, ele propôs ao desafiante Romanus um antigo problema conhecido por *Problema de Apolônio*,[4] que o belga resolveu, porém este, encantado com a solução dada por Viète a sua equação, tomou um transporte e viajou até Fontenay para conhecer o brilhante cientista.

[4] Traçar uma circunferência tangente a três outras. Explicando melhor: são dadas três circunferências num plano. Usando apenas uma régua, não graduada, e um compasso, traçar uma quarta circunferência que tangencie as três outras. O problema chamou a atenção de muitos matemáticos. Uma das primeiras soluções, empregando a geometria analítica, foi de uma aluna de Descartes, a princesa Elizabeth, filha do rei Frederico V da Boêmia.

Esta perplexa admiração do desafiante Romanus viria mais tarde reforçar a queixa dos espanhóis em relação à Viète.

Na ocasião, a França estava em guerra com a Espanha e o genial François Viète (1540-1603), convocado para assessorar como matemático os generais do Rei, conseguiu quebrar o código secreto dos espanhóis de seiscentos caracteres, propiciando uma vantagem de dois anos para o seu país.

Para o Rei de Espanha, Filipe II (1527-1598), o código era indecifrável! Inconformado com a verdade, este monarca dirigiu-se ao Papa, dizendo que a França estava usando magia contra o seu país, o que era contrário à fé cristã.

Figura 2.2 – Papa Clemente VIII

Filipe pedia que Viète fosse julgado por uma Corte de Cardeais por suas ações demoníacas. Por sorte, o Papa Clemente VIII (1536-1605) sabia que os seus criptoanalistas já liam há anos as cifras dos ingênuos criptógrafos espanhóis. Não fora isto, provavelmente o nome François Viète estaria constando em um dos numerosos processos da Santa Inquisição, guardados hoje nos subterrâneos secretos do Vaticano.[5] O Papa, apesar do nome Clemente, não tinha nenhuma clemência nas suas decisões!

A Cifra de César

Em 49 a. C., Roma dominava o Mundo Ocidental, mas não conhecia a obra magna de Euclides, geômetra grego. A Biblioteca Museu de Alexandria guardava entre outras obras relevantes de matemática, os Elementos de Euclides. O geômetra tivera o trabalho de reunir de forma coerente e lógica todo o conhecimento matemático da época. O resultado do seu esforço está reunido em 13 livros ou capítulos, na sua maioria, tratando de geometria. Os demais capítulos falam de teoria dos números e outros assuntos, tais como razões e proporções.

Pouco se sabe sobre Euclides, como ocorre com o poeta Homero! Enquanto sete cidades disputam o berço do pai da Poesia, não há nenhuma cidade, ou mesmo lugarejo que reivindique o privilégio de ser a cidade do pai da geometria. No entanto, certo dia, um dos oficiais de Cesar chegou até ele e disse que tinha encontrado uma cópia dos Elementos. Um achado valioso. Neste achado encontravam-se várias anotações do leitor meticuloso que, certamente fora o primeiro e único a ler aquela cópia. Nas anotações feitas nas margens do texto apareciam coisas ininteligíveis, confusas. O Imperador convocou logo um dos sábios da corte para destrinchar aquelas notas. Passados alguns dias veio o intelectual e explicou. Tratava-se de um código secreto em que, as

5 Foi durante o pontificado desse Papa disciplinador que Giordano Bruno (1548-1600), em 17 de fevereiro de 1600, foi condenado à fogueira por crer que a Terra girava em torno do Sol.

palavras usuais de uma mensagem eram substituídas por números obedecendo a um padrão numérico. A Criptologia matemática começou com esse achado! O imperador Júlio Cesar em campanha de conquista da Gália, região ao norte da atual Itália, banhada pelo rio Rubicão, notório por ser fronteira e ter sua travessia proibida pelas leis romanas. Essa proibição visava defender Roma da ameaça de ataques conduzidos por legiões do próprio império, evitando, assim guerras internas que enfraqueceriam o poderio do Império Romano. Júlio Cesar, voltando com suas tropas de uma campanha na Gália, desobedeceu as leis romanas e atravessou o rio, mas antes pronunciou a famosa frase

Alea jacta est.[6]

A razão de Júlio Cesar pronunciar a famosa frase está ligada ao fato de ao atravessar o Rubicão estaria colocando em risco suas legiões de soldados. Do outro lado do rio estavam as tropas comandadas pelo general Cnew Pompeu Magno (106-48 a. C.). Na época o valor político do rio era inquestionável. Quem o atravessasse poderia chegar até Roma e conquistar o Império! Com o passar dos séculos, entretanto, o rio perdeu sua fama, caindo no esquecimento. Com as inundações periódicas da região, o alinhamento dos cursos de rios e outros fatos geográficos provocaram a perda de identidade do rio. Ninguém mais sabia quem era o rio Rubicão no meio de tantos outros. Em 1933, estudos e levantamentos topográficos decidiram por um dos rios analisados como sendo o famoso Rubicão.

***

[6] Expressão latina, "A sorte está lançada".

Voltando à criptologia! Com o que extraíram das anotações no exemplar dos Elementos, os intelectuais, supervisionados pelo Imperador, criaram o código assim estabelecido: cada letra do alfabeto latino, a partir da primeira, era substituída pela terceira a seguir. Exemplo: A era trocado pelo D, B pelo E, o C pelo F, e, assim, por diante.

A histórica frase de Júlio Cesar antes de atravessar o rio Rubicão, depois de cifrada pelo novo código adquiriria o aspecto não inteligível

DOHD MDFWD HVW

A cifra de César é muito simples, podendo ser facilmente descoberta, ou "quebrada". Naturalmente, a troca de uma letra por outra não está presa ao deslocamento único de 3 posições, podendo ser qualquer outro número de 1 a 25 posições, em razão das 26 letras do alfabeto latino. Em outros termos: podemos fazer uma correspondência do tipo:

A $\leftrightarrow$ H

B $\leftrightarrow$ I

C $\leftrightarrow$ J

D $\leftrightarrow$ K

....

X ⟷ E

Y ⟷ F

Z ⟷ G

A frase "Até você, Bruto!", de César, dirigindo-se ao seu quase filho adotivo Bruto, no dia 15 de março de 44 a. C., ao cair apunhalado por conspiradores no Senado Romano, é transformada, de acordo com a correspondência acima, no arranjo desconexo de letras.

Hal cvjl Iybav

A cifra de César pode ser fortalecida significativamente se a ordem natural do alfabeto for trocada por uma ordenação aleatória, em que cada letra tem por correspondente outra, escolhida aleatoriamente. Neste caso, a quantidade de opções para cada troca de letra é o fatorial de 26.

1x2x3x4x5x6x7x8x9x10x.......x18x19x20x21x22x23x24x25x26

=

403 291 461 126 605 635 584 000 000

Eis porque: imagine que o alfabeto latino possuísse apenas duas letras A e B. Neste caso poderíamos ordená-lo de 1x2= 2 maneiras diferentes, ou seja, AB e BA. No caso de três letras A, B e C, teríamos 1x2x3 =6 ordenações possíveis, ABC, ACB, BAC, BCA CAB e CBA. Para quatro letras o número de possibilidades seria 1x2x3x4 = 24, a saber, ABCD, ABDC, ACBD, ACDB,

ADBC, ADCB, BACD, BADC, BCAD, BCDA, BDAC, BDCA, CABD, CADB, CBAD, CBDA, CDAB, CDBA, DABC, DACB, DBAC, DBCA, DCAB, DCBA. Quando são vinte e seis letras, o número de opções será 26!

A cifra de César vista nestes termos, a saber, para cada mensagem o interessado usa uma nova ordenação do alfabeto, um espião para descobrir qual foi a usada numa particular mensagem teria que estar disposto a enfrentar um universo de 26 fatorial opções, e, caso aceitasse o desafio, levando um segundo de tempo para cada teste, teria que viver milhares de milhões de anos para esgotar esse universo de possibilidades!

Na prática, um interceptador não precisaria percorrer esse gigantesco universo: uma análise da mensagem cifrada, usando meios estatísticos como, por exemplo, contando o número de vezes que uma determinada letra aparece, em algumas horas o segredo seria quebrado.

A Relíquia

Tome o leitor dois números primos! Digamos 19 e 5. A diferença entre eles: 19 – 5 = 14 é divisível por 7. Os matemáticos dizem que 19 e 5 são congruentes módulo 7, escrevendo:

$$19 \equiv 5 \pmod{7} \qquad \text{(a)}$$

Outro exemplo:

$$23 \equiv 11 \pmod{3}, \qquad \text{(b)}$$

porque a diferença entre 23-11 = 12 é divisível por 3. Estas expressões, parecidas com equações, receberam de Gauss, o seu descobridor, o nome de *congruências*.

A propósito, escreva o leitor um terceiro exemplo de congruência; os números não precisam ser necessariamente primos!

Seja agora um número inteiro desconhecido **x** e os primos 2 e 7. Escreve-se:

$$X^2 \equiv 2 \pmod 7$$

Se existir um número **x** que resolva a congruência, os especialistas em Aritmética Superior dirão que 2 é um resíduo quadrático módulo 7.

No caso $4^2 = 16$ resolve a congruência, pois 16 – 2 = 14 é múltiplo de 7. Logo 2 é resíduo quadrático módulo 7.

13 é um resíduo quadrático modulo 17? Em símbolos:

$$X^2 \equiv 13 \pmod{17}?$$

Experimentando 1, 2, 3, ... verifica-se que x = 8, 25, 42, 59, ... são soluções para a congruência. Por exemplo, tomando 8, a primeira solução: 8^2 - 17 = 64 – 13 = 51 é divisível por 17. Da mesma forma, as outras soluções também se verificam. É só testar.

Algumas congruências não têm soluções. Veja esta:

$$X^2 \equiv 5 \pmod{13}$$

diz-se, no caso, que 5 não é resíduo quadrático para 13.

Os matemáticos empolgados com o assunto, não hesitam em procurar soluções para um par de congruências desta natureza:

$$X^2 \equiv q \pmod{p}$$

$$X^2 \equiv p \pmod{q}$$

p e q são números primos e, observe o leitor, alternam suas posições nas congruências: se um é módulo o outro é candidato a resíduo quadrático e vice-versa.

É claro que o par de congruências pode ter ou não solução! Algumas vezes, acontece de uma delas ter solução e a outra não.

O par

$$X^2 \equiv 13 \pmod{5}$$

$$X^2 \equiv 5 \pmod{13},$$

não tem solução! Enquanto, no par:

$$X^2 \equiv 19 \pmod{11}$$

$$X^2 \equiv 11 \pmod{19}$$

só a segunda congruência tem as soluções x = 7, 26, 45, ...

Por fim, as congruências

$$X^2 \equiv 17 \pmod{13}$$

$$X^2 \equiv 13 \pmod{17}$$

têm as soluções X = 2, 15, 28, ... para a primeira e X = 8, 25, 42, ... para a segunda.

Neste último caso, isto é, quando o par admite solução, os números primos 13 e 17 são ditos *recíprocos quadráticos*!

A reciprocidade quando existe entre os primos **p** e **q**, constituiu a chamada *Lei da Reciprocidade Quadrática* descoberta por Gauss! Ele, em seus dezoito anos de vida, ficou tão empolgado e deslumbrado com a beleza da proposição que a cultivou durante anos, descobrindo nesse percurso de dedicação, seis demonstrações diferentes para ela! Sempre que se referia à lei, usava a denominação *gema preciosa da aritmética superior*.

Durante o século XIX, cerca de 50 demonstrações surgiram para a Lei da Reciprocidade Quadrática. O número de maneiras de se demonstrar a proposição continua crescendo, contudo, nem todas elas são essencialmente diferentes.

A lei foi descoberta em diferentes épocas por Euler, Legendre e Gauss, mas só este último foi o primeiro a demonstrá-la em 1796.

Entre os matemáticos notáveis que também a demonstraram estão Cauchy, Eisenstein, Jacobi, Kronecker, Kummer, Liouville e Pfaff. Sobre este último, Pfaff, há a famosa pergunta feita por alguém a Laplace. *Quem é o melhor matemático da Alemanha?* Na época, o alemão Gauss estava no auge da fama, desfrutando de renome internacional.

Sem sombra de dúvidas é Johann Pfaff! respondeu Laplace.

Perplexa com a resposta, a pessoa justificou-se: "pensava que fosse Gauss, o Príncipe dos Matemáticos"

Ah!... sim, Gauss é o melhor da Europa! — explicou Laplace.

***

A Aritmética Superior ou Teoria dos Números manteve por muitos séculos a característica de não se deixar contaminar pelas aplicações práticas, tanto que o matemático Inglês G. H. Hardy (1877-1947), especialista no assunto, tinha orgulho em afirmar:

Sou verdadeiramente um matemático puro.

Atualmente, *a lei da reciprocidade quadrática* e outras partes da Teoria dos Números, como a pesquisa de números primos gigantes, mostram-se importantes em projetos de Criptologia e Segurança da Informação, conhecimentos de extrema importância no universo capitalista do mundo moderno.

III – A Pesquisa em Matemática

O que faz o pesquisador em matemática? Escutei o homem de preto perguntar ao seu vizinho de poltrona. Viajávamos há mais de 2 horas, cortando os campos de plantações no Sul de Minas. Resolvi prestar atenção; o assunto me interessava.

Para a maioria das pessoas, a Matemática já está pronta — respondeu o outro - isto é, — continuou, mostrando-se empolgado — já atingiu todo o seu desenvolvimento! Não há nada mais a descobrir. Um juízo totalmente errôneo! Para se ter uma ideia da coisa — disse o homem que, pelo seu entusiasmo, me pareceu bastante familiarizado com o assunto: talvez fosse um matemático em férias, pensei — a biblioteca do IMPA, Instituto de Matemática Pura e Aplicada, no Rio de Janeiro continuou ele — recebe por ano cerca de 400 números de revistas, de várias partes do mundo, contendo, a maioria, artigos originais de pesquisa em matemática!.

Percebi o ar de espanto do senhor de preto: como pode ser isto? — indagou este, acrescentando: se há novidades na Matemática, não as vejo sendo noticiadas nem aplicadas no nosso dia a dia.

Aí que está! A Matemática está presente em tudo e em todos, mas de uma forma imperceptível, além do que, nem sempre o seu progresso se liga diretamente às atividades diárias.

O nosso ônibus começou a subir a serra, exigindo mais do motor. O homem levantou a voz: notando o meu interesse na conversa, mesmo assim, um pedaço da conversa eu havia perdido.

A Matemática é assim! — dizia ele — é como as artes, desenvolve em si mesma! O pintor trabalha um quadro pelo prazer de pintar; o músico escreve uma sonata sem qualquer preocupação, a não ser, com a necessidade íntima... O matemático puro faz matemática pela Matemática! A única coisa que ela exige de quem a cultiva é o compromisso com ela. Qualquer passo na Matemática tem que ser justificado. As proposições matemáticas, surgidas de novas descobertas, têm a aceitação dada pela comunidade matemática, só depois de rigorosamente provadas. As revistas de Matemática estão aí para darem apoio ao processo.

O ouvinte acenou com a cabeça e perguntou alguma coisa, mas não pude ouvir. Entendi apenas a resposta do outro: A preocupação do matemático em publicar os seus trabalhos de pesquisa, além da vaidade, claro, é resguardar o seu direito de prioridade, como também, para atender interesses profissionais e acadêmicos. A propósito desta questão, existe um caso interessante na Alemanha — explicou o homem que dominava a conversa — em 1952, um professor de matemática de ginásio demonstrou uma famosa conjectura de Gauss, que vinha desafiando os matemáticos por mais de um século, contudo escreveu a prova fora dos cânones rigorosos da Matemática. Resultado: o trabalho, publicado sob reservas pelo editor, foi por muitos anos, tido como contendo erros! Em 1960, o problema foi resolvido novamente, independentemente, por Alan Baker e Harold Stark e, só assim, o trabalho do professor alemão Kurt Heegner foi cuidadosamente reexaminado e declarado estar perfeitamente correto. Infelizmente, Heegner morreu em 1965, não podendo testemunhar o reconhecimento do seu trabalho pela comunidade matemática.

O ônibus avançava, seguindo curvas apertadas e evitando,

quando podia, buracos inesperados. Muitas vezes a conversa entre os dois parava para que eles pudessem se manter nas poltronas. Num dado instante, uma curva mais fechada quase atirou o expositor ao chão do ônibus, mas ele conseguiu a tempo evitar a queda. De minha parte perdi alguns trechos do diálogo, pois uma sacola, aparentemente pesada, no aparador do ônibus, acima da minha poltrona ameaçava cair pondo em risco a minha cabeça. Prossegui escutando, mas sem descuidar do objeto no aparador.

O expositor de matemática continuava falando, mas com menos entusiasmo, talvez devido ao desconforto criado pela instabilidade do ônibus subindo a serra.

A Matemática é feita de problemas e, encontrar as soluções constitui o motivo maior da pesquisa no assunto. Devido ao seu grande desenvolvimento nos dois últimos séculos — explicou ele — os matemáticos têm hoje condições de proporem os mais diversos e variados tipos de problemas! As restrições para isto são poucas: devem ser atraentes, no sentido de que suas soluções, uma vez encontradas, ofereçam respostas de interesse para novas pesquisas, e, embora difíceis, apresentem indícios de que tenham solução!

Se os problemas propostos não possuem essas qualidades, dificilmente encontrarão alguém interessado no desafio! Entretanto, algumas questões como a "hipótese de Kreutzer"[7], uma vez provada ou desaprovada, abrirá novos horizontes de pesquisa. E não é só! — sentenciou o nosso viajante intelectual — um problema para interessar um matemático é preciso que ele

[7] o conjunto dos conjuntos infinitos, isto é, para fazer parte desse conjunto, o canditado deve possuir duas caracterírsticas: ser contável e ordenável, ou seja hieraquizáveis; sendo assim, dados dois conjuntos de um mesmo conjunto (lembrar que os elementos desses conjuntos são conjuntos), saberemos sempre qual é o maior dos dois conjuntos.

tenha algum envolvimento com a questão, ou que a solução possa lhe oferecer algum benefício em termos de carreira acadêmica. Você ouviu falar no "Último Teorema de Fermat"?

O homem de preto assentiu, contudo, deixou transparecer alguma coisa que na hora não pude identificar: um meio-sorriso enigmático. Só no final, eu soube a razão desse seu comportamento.

Uma questão que desafiou os matemáticos por 350 anos! — sentenciou o outro — Dito isto, fez uma pausa equilibrando-se na poltrona. O ônibus continuava subindo, rodando por curvas e sobrecurvas da serra. O problema é fácil de entender — prosseguiu — Pierre de Fermat, um francês do século XVII, apaixonado por Matemática, foi quem deu nome à questão, quando estudava *A Aritmética* de Diofanto, um livro que se perdeu no tempo. Atualmente, não existe nenhuma cópia dele em lugar algum!

Numa certa noite de inverno, este francês estava debruçado sobre uma das páginas desse livro, justamente a que falava sobre o teorema de Pitágoras. "Ah! disse Fermat, entusiasmado — descobri algo notável!" Em seguida, apanhou o lápis e escreveu em uma das margens da página: " não existem três números inteiros, tais que a soma dos cubos, das quartas potências, ou qualquer outra potência de dois deles seja igual à mesma potência em questão do terceiro. Descobri uma demonstração maravilhosa para isto, mas a margem é pequena para que eu possa reproduzi-la aqui" Em símbolos, Fermat queria dizer o seguinte, se **a**, **b** e **c** são números inteiros e **n** também um número inteiro maior do que 2, então nunca vai acontecer a igualdade:

$$\mathbf{a^n + b^n = c^n}$$

Essa afirmação de Fermat, como eu disse, iria atormentar os matemáticos por três séculos e meio! Só agora, em 1995, o problema foi resolvido, por um matemático inglês de nome Andrew Wiles (1953 –). Saiu até no New York Times a notícia! Ficou famoso! Chegou até a receber propostas para pousar com roupas de marca. O autor da façanha tinha um pouco mais de 40 anos na ocasião e desde os 10 anos, quando teve conhecimento do desafio, colocou na cabeça a ideia de que um dia resolveria a questão.

Engraçado — disse o homem de preto — sempre soube que a Matemática é um assunto para os jovens. Ninguém, com mais de 40 anos, tem condições de descobrir algo novo nela.

Há muito que havia escurecido e o tempo prometia chuva. A essa hora o ônibus já havia alcançado o topo da serra da Mantiqueira e começava a descer pelo outro lado em direção a Pouso Alto. A descida não prometia nada diferente da subida. Pelo contrário, o ônibus descia mais rápido e o vai e vem de nossas cabeças se acentuaram. Por duas vezes, a tal sacola no aparador ameaçou cair. Pensei em tirá-la dali, avisando antes ao seu dono, mas resolvi confiar na sorte, mesmo porque, em volta, ninguém me pareceu ser o interessado, o que, por sinal, achei estranho, uma sacola ali, sem dono.

A conversa continuava interessante com o passageiro "historiador" dizendo:

É preciso entender que um matemático não é necessariamente um gênio. O inglês de quem falamos há pouco, não é considerado um gênio. Genialidade é um dom intrínseco, misterioso e raro que ninguém sabe explicar bem e muito menos adquirir. Se fosse o caso, pouquíssimos seriam os matemáticos no mundo! O pesquisador matemático, mesmo o de genialidade, precisa ainda de muito entusiasmo, determinação e coragem! Poucas são as pessoas que reúnem tudo isso. Muitos jovens talentosos chegam às universidades, alguns notoriamente capazes de encontrar soluções rápidas e elegantes para problemas difíceis, contudo, no decorrer do curso perdem o entusiasmo inicial e descambam até para outras áreas: poucos tornam-se matemáticos de verdade.

Ninguém contesta o fato de que as pessoas que são capazes de inferir coisas notáveis em matemática demonstram um talento excepcional para o assunto, mas a julgá-las todas gênios vai uma grande distância. O grego Euclides da geometria euclidiana, por exemplo, é o autor matemático de maior sucesso no mundo: as edições do seu livro *Os Elementos* passam de mil; só sendo superado pela *Bíblia*, contudo, da sua genialidade, ninguém fala, mesmo porque, não se conhece muito de sua vida, nem mesmo se ele de fato existiu. No meu livro a "Infidelidade da Reta", eu exploro essa nossa ignorância sobre Euclides.

A chuva começou a cair, pesada, acompanhada de relâmpagos e trovões fortes. O rosto do passageiro de preto, estranhamente pálido, com sua brancura realçada pelo lampejo dos relâmpagos, incomodava quem o olhasse. As sobrancelhas densas cobriam toda a extensão da linha dos olhos pretos, profundos e sem brilho; lembravam os olhos de um morto. Os lábios finos sem cor, semiabertos em um meio sorriso irônico. Embora eu estivesse muito interessado no assunto, não era um rosto agradável de se ver.

O motorista do ônibus tomava as suas precauções reduzindo nas curvas a marcha do veículo. Com o barulho da chuva perdi alguns pedaços do diálogo. Quando pude ouvir, o passageiro falador, afirmava convicto:

Não acredito que um matemático, depois dos 40 anos, esteja velho para a pesquisa. Gauss aos 50 anos publicou o seu grande ensaio sobre geometria diferencial! Riemann morreu cedo, aos 40 anos, no auge da sua maturidade matemática. Se ele tivesse vivido mais tempo, com certeza, seu legado seria maior! Leonhard Euler (1707-1783) durante toda a sua longa vida foi criativo, mesmo depois de completamente cego. Dele costumava dizer Laplace: *Leiam, leiam Euler, ele é o mestre de todos nós!*

O passageiro de preto fez um comentário que não pude ouvir. A chuva continuava caindo forte, com os relâmpagos mais espaçados. Mais um pouco e estaríamos chegando ao último ponto de parada, onde esperava esticar as pernas entorpecidas pelo frio penetrante e pelo tempo de estar sentado, confinado num ônibus que não conseguia rodar 20 metros em linha reta. Continuei prestando atenção à conversa, bem interessante por sinal, dos dois inusitados passageiros: o de preto, como disse, bem estranho, não me pareceu que fosse daqueles lados de Minas, já o falador tinha um sotaque bem à moda mineira. Magro, alto e tez clara. Vestia uma camisa xadrez de cor azul e calças jeans com botas de cano curto. O passageiro de preto usava um terno preto desbotado, chapéu preto, camisa e gravata também na cor preta.

De fato — dizia o magro — a maioria dos resultados importantes em matemática foram alcançados por pesquisadores jovens, contudo, isto acontece porque o matemático, já tendo adquirido fama antes dos 30 anos, não terá mais grande motivação para continuar produzindo coisas novas. É uma questão de acomodação, penso assim.

Com a chuva intensa o ônibus não fez a parada usual.

A propósito, o que move, atualmente, a matemática? Quero dizer, quais são hoje as pesquisas de ponta?

— Perguntou o homem de preto, dando ênfase a sua curiosidade com respeito ao presente estado da arte. Aliás, o modo como ele fazia as perguntas, por sinal poucas, deixava claro que havia sempre alguma intenção.

Ela é hoje um universo vastíssimo! Basta dizer o seguinte: a notável história da matemática de Moritz Cantor, em 4 grandes volumes, cobre o assunto com detalhes até 1799. Para fazer o mesmo, contando o que aconteceu na matemática até os dias de hoje, seriam necessários mais 40 volumes do mesmo tamanho!

Pela primeira vez, vi surpresa nos olhos do homem de preto. O outro prosseguiu: Com esse notável desenvolvimento, a Matemática oferece vários campos de trabalho para o pesquisador, variando de formas de resolver problemas já resolvidos, problemas por resolver, as chamadas questões em aberto, além dos desdobramentos, ou caminhos a percorrer, nas diversas pontas dos ramos férteis da Matemática. Os números primos, entes sutis, sempre foram motivo para pesquisa, e, hoje, mais do que nunca, estão em evidência, pela sua importância na criptologia.

Muitos são esses problemas e outros tantos podem ser propostos. Quando se faz matemática, como é o usual dizer, o estudioso, muitas vezes, esbarra com uma situação que lhe chama a atenção. Diante disto, vem a sua mente um tipo de pergunta, como esta: quantos números *inteiros* podem ser colocados nos lugares, respectivamente, de x e y, de modo que se tenha a igualdade:

$$Y^2 = x^3 - 2x + 10$$

Por tentativa e erro, encontramos uma solução, a saber, $x = 1$ e $Y = 3$. Existem outras! Como encontrá-las?

É um problema difícil! Achar uma fórmula que fornecesse, pelo menos uma solução, seria um ganho extraordinário para a Matemática. Aliás, este problema foi estudado, há séculos, por Diofanto, o tal da Aritmética, que já falamos antes. Este e outros problemas semelhantes dão impulso à pesquisa matemática! Criar problemas que atraiam os matemáticos não é difícil. Como já disse, basta que sejam atraentes, no sentido de que a solução dos mesmos possa desencadear um avanço na própria Matemática, difíceis o suficiente para motivar o esforço de pesquisa, contudo devam apresentar um mínimo de evidências de que tenham solução; sem estas condições, o problema, por mais envolvente que o seja não despertará o interesse da comunidade matemática! As criações originais dentro do mesmo tema, também, motivam a pesquisa. O teorema de Pitágoras, para se ter uma ideia simples do que acabei de falar, tem centenas de demonstrações diferentes, algumas bem criativas. A prova maravilhosa de que falou Fermat, com respeito a sua proposição famosa, é, com certeza, razão para muitos se envolverem com a sua procura, mesmo porque, a matemática de que ele dispunha na época não oferecia os mesmos recursos da atual, era mais simples, e esta condição alimenta consideravelmente a chama do desejo de encontrá-la. Se isto algum dia acontecer, estou certo de que a repercussão atingirá proporções inigualáveis, superando em muito a alcançada pela prova atual!

Enquanto o falante dizia isto, a luz de um relâmpago incidiu forte no rosto do homem de preto, realçando a sua palidez lúgubre. Ele fez uma espécie de careta, dando a entender que não gostou do que ouvira. Foi aí que tive um pressentimento de algo estranho, bem estranho, naquele passageiro de vestimenta negra e semblante cadavérico.

O barulho de um trovão retardatário soou alto, botando fim à conversa dos dois. A seguir, o chiado característico do acionamento dos freios do veículo. Havíamos chegado ao destino.

Esperei sentado, enquanto os outros passageiros desciam. Quando me levantei para apanhar no aparador o blazer, vi a sacola esquecida que me ameaçara a viagem toda. Pensei em descer com ela à procura do dono. Não sei como, o meu braço esbarrou, derrubando-a sobre a poltrona em que viajara o homem de preto. Ao cair ela se abriu. Dentro um livro bem velho e bastante manuseado, cujo título pude ler claramente: ARITHMETICA, autor: Diofanto!

Lembrei-me imediatamente do que falara o passageiro sobre o livro. Embora não fosse sugestionável por essas coisas, fiquei paralisado de terror, sentindo um enrijecimento na espinha. Todo aquele sentimento de desconforto que eu sentira durante a viagem em relação ao homem de preto, veio-me a mente de supetão. Levei algum tempo para me recompor do impacto. Assim que pude descer o mais rápido possível do ônibus, ganhando em seguida a plataforma e, sem olhar para lados, saí a procura de um taxi que me levasse rápido para casa.

IV – O Apelido Fatal

A Terra

Até hoje se procura a forma correta da Terra. Os pesquisadores fazem uso de teodolitos digitais para medir ângulos e direções. Com esses dados resolvem triângulos esféricos, os quais levam em conta a curvatura do planeta. Até mesmo e, principalmente, os satélites artificiais ajudam nessa procura da forma verdadeira da Terra. Mas, antes de existirem todos esses avançados recursos tecnológicos do Mundo atual, os povos antigos já se interessavam em saber sobre a anatomia da Terra.

Na Idade Média pensava-se que a Terra fosse plana. Apesar de vários séculos antes Eratóstenes de Alexandria ter medido o seu diâmetro. Até hoje existem pessoas que acreditam numa Terra plana. Mas, vamos, mesmo assim, aqui e agora, tratar do perfil da Terra.

Qual a forma verdadeira da Terra? Perguntavam os cientistas do século XVII. Jean Picard (1620-1682), astrônomo e matemático francês, afirmava ser esférica. Issac Newton que acabara de descobrir a força centrífuga garantia que a Terra não era redonda, mas ligeiramente alongada no equador.

A rotação do planeta, segundo Newton, cria uma força centrífuga cujo efeito é empurrar toda a matéria para fora do centro de rotação. Os pontos da superfície da Terra giram com velocidades diferentes de acordo com a posição que ocupam: enquanto no Equador um ponto deve cobrir a distância por volta de 40 000 quilômetros da circunferência da Terra, em vinte e quatro horas, um ponto perto de um dos polos viaja uma distância menor nas mesmas vinte e quatro horas, com isto, os pontos na região do Equador têm maior velocidade, expelindo mais a matéria do planeta, enquanto nas proximidades dos polos a velocidade sendo menor a massa da Terra e menos expelida. O resultado dessa diferença de velocidades entre os pontos da superfície da Terra provoca o seu achatamento.

Embora astrônomos da época, munidos de telescópios, podiam ver mais claramente os globos de Júpiter e Saturno e descobrissem que esses astros eram achatados e expedições científicas à Guiana Francesa mostrassem que os relógios de pêndulos atrasavam 2 minutos e meio por dia, comprovando a força centrífuga, cientistas franceses não acreditavam nas teorias de Newton!

Tal divergência de opinião suscitou mais uma disputa acirrada! Era a velha rixa entre Newton e o Continente que começara com a criação do Cálculo Diferencial e Integral. Assunto que vamos tratar mais a frente.

No decorrer dos anos, com o debate da forma da Terra tomando proporções ameaçadoras, a Academia Francesa decidiu estabelecer um teste entre os levantamentos geodésicos de Jean Picard e a crença de Isaac Newton para resolver de vez a questão.

Jean Picard morreu em 1682, passando a tarefa de levantar a forma da Terra ao astrônomo, Jean Dominique Cassini (1748-1845) e seu filho Jacques. Os Cassinis dividiram as medidas do arco de meridiano em duas partes: uma em direção ao norte e a outra, na direção sul. Quando calcularam o comprimento de um grau do arco em direção sul, encontraram um resultado levemente maior do que o encontrado por Picard na direção norte. Isto poderia ter sido por um erro, então nada disseram. Depois da morte de seu pai, em 1712, Jacques Cassini retomou a medida do arco norte e confirmou o resultado de seu pai. O comprimento de um grau mostrou-se mais curto em direção ao polo Norte. A diferença era da ordem de metros, porém Cassini viu que era significativa a diferença. No final, ficou convencido de que nem Picard nem Newton estava certo: a Terra, disse Jacques Cassini, é na verdade, alongada na direção dos polos.

O pronunciamento de Cassini à Academia botou mais lenha na fogueira! Os ânimos, já aquecidos, ficaram ainda mais exaltados, mas, por sorte, a disputa acontecia num período histórico voltado para a revolução científica, se não, a briga tomaria a forma de um duelo de dogmas! Diante da crise ameaçadora, o governo, decidiu por bem, colocar a questão em termos de um racional e decisivo teste, porém, não foi fácil a aceitação da solução apresentada pelo governo: o descontrole e a indignação dos interessados assumira proporções assustadoras!

A Real Academia de Ciências, com a autorização de Luís XV, estabeleceu planos para duas expedições geodésicas. Uma iria para uma região do equador terrestre e a outra para o círculo ártico. Essas expedições tinham como propósito calcular a diferença nos comprimentos de um arco de meridiano de um grau de latitude nas diferentes localidades, usando uma extensão do método de Eratóstenes: se o comprimento de um arco de meridiano de um grau no Equador fosse menor do que o de um grau no círculo ártico, ficaria comprovada a tese de Newton! Caso contrário, a Terra seria prolata, ou seja, achatada no equador, semelhante a um ovo.

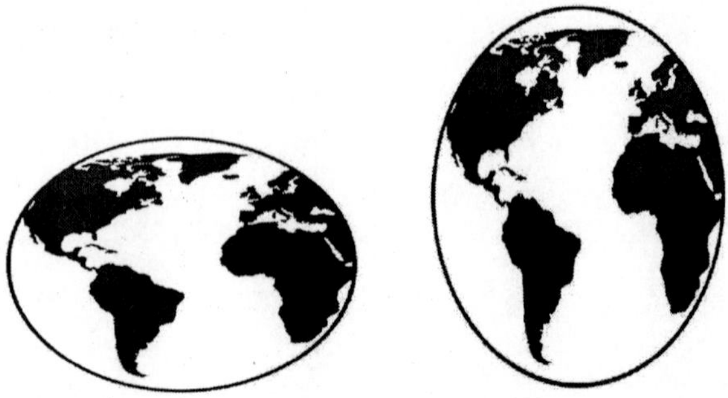

achatada nos polos achatada no Equador

Figura 4.1– O achatamento da Terra no equador; o achatamento nos polos

O líder da expedição ao Ártico, Pierre Louis Moreau de Maupertuis (1698-1759), escreveu. "A questão, apenas pela sua curiosidade, poderia ser deixada à consideração de filósofos e matemáticos, mas as vantagens adquiridas da descoberta da verdadeira forma da Terra vão além de meras especulações: elas são reais e de grande importância."

Maupertuis tinha em mente as necessidades dos navegadores e cartógrafos: os mapas, "onde as posições dos lugares são tidas como corretas, seriam de pouca significância — continuou — achar as verdadeiras distâncias entre os lugares, enquanto ficarmos ignorantes com respeito aos comprimentos dos graus nos meridianos e nos paralelos. E se as distâncias não são bem conhecidas, imaginem os perigos que estariam expostos os navios que são orientados por elas!"

Figura 4.2 - Pierre Louis Moreau de Maupertuis e seu inimigo François Marie Arouet, mais conhecido pelo apelido Voltaire

Frequentador assíduo dos salões nobres, Maupertuis foi um dos mais versáteis cientistas da sua época. Nasceu em Sainte Malo, França, em 1698, tornando-se mais tarde soldado do exército de Luís XV; estudou matemática nas suas horas de lazer; fez experimentos em genética e foi um dos primeiros a apreciar a importância das leis da gravitação de Newton. Nos seus primeiros anos, após os trinta, tornou-se membro da Academia Francesa, onde foi o mais importante dos membros newtonianos.

Embora a primeira expedição tenha partido para o Peru (região equatorial) em 1735, coube à de Maupertuis para a Lapônia (ártico), iniciada um ano depois, a produzir as primeiras medidas definitivas que conduziriam à publicação da resolução definindo o achatamento da Terra nos polos.

Estabelecido o achatamento da Terra, os europeus do Continente, representados pelos franceses, perderam mais uma vez para os ingleses! O irascível e patriótico Voltaire {François Marie Arouet}

(1694-1778), antes um velho amigo de Maupertuis, tornou-se o seu maior inimigo, passando a atacá-lo por todos os meios e modos. Voltaire sempre fora um inimigo impiedoso! Dono de uma ironia afiada e inescrupulosa fazia uso disto para aniquilar qualquer inimigo, principalmente aqueles que ousassem contrariá-lo. Dizia com muita convicção o pensador francês: "Minta, minta sempre! Alguma coisa fica". Maupertuis, ao descobrir a forma da Terra, havia ferido o sentimento patriótico de Voltaire!

Apelidado de "O Achatador da Terra", pelo impiedoso pensador francês. Humilhado e desprestigiado, Maupertuis procurou refúgio nas universidades alemãs e nunca mais voltou à França!

V – O Teorema

$a^2 = b^2 + c^2$

A proposição de Pitágoras — num triângulo retângulo o quadrado da hipotenusa é igual à soma dos quadrados dos catetos — é conhecida desde a época dos babilônios, por volta de 2 000 anos a.C. É uma das mais antigas e, sem dúvida, a mais popular verdade matemática.

Em termos geométricos, a proposição afirma que a área do quadrado tendo como lado a hipotenusa (maior lado) é igual à *soma* das áreas dos quadrados tendo como lados os catetos, como mostra a figura.

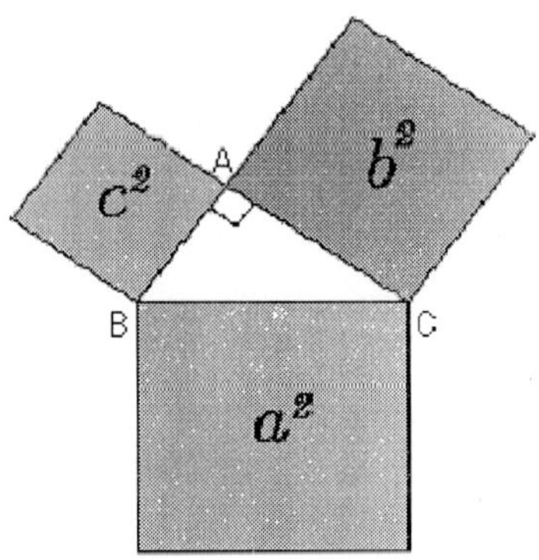

Figura 5.1 - O teorema de Pitágoras: $a^2 = b^2 + c^2$

Algumas centenas de diferentes demonstrações são conhecidas para este teorema. Até mesmo um dos presidentes americanos — assassinado menos de dois meses depois da posse — contribuiu para esse considerável número de provas. Trata-se de James Abram Garfield (1831-1881), o vigésimo presidente, que, em seus tempos de estudante, desenvolveu um notável interesse pela Matemática e uma razoável competência nessa ciência. Cinco anos antes de assumir a presidência, em 1876, quando ainda era membro do Poder Legislativo, descobriu uma elegante demonstração para o teorema. A ideia desse feito, publicado posteriormente no *New England Journal of Education Mathematics,* ocorreu-lhe durante uma discussão sobre geometria com outros membros do Congresso. O raciocínio para a prova, parte da área do trapézio, avaliada de dois modos: pela fórmula da área desse quadrilátero e o segundo pela soma das áreas dos três triângulos retângulos que compõem o trapézio.

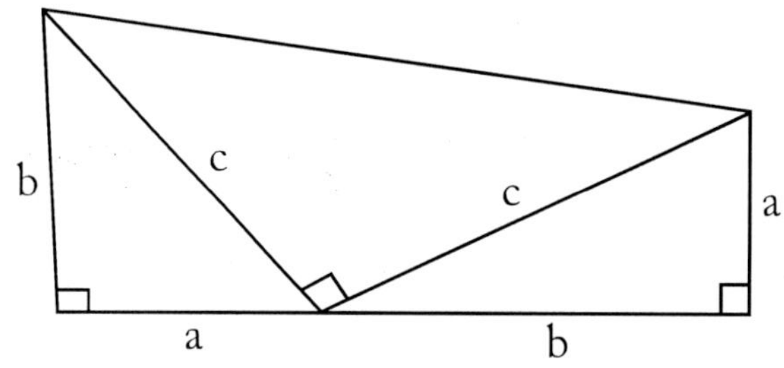

Figura 5.2 - Esquema de uma maneira interessante de demonstração do teorema de Pitágoras.

Com vistas ao esquema pode-se escrever: (c.c)/ 2 = área do triângulo maior.

a.b/2 = área do triângulo menor da esquerda; a.b/2 = área do triângulo menor da direita.

Observe o leitor/leitora que a figura total é um trapézio de bases a e b e altura a + b; sua área = ((a + b)/2).(a + b)= (a +b).(a +b)/ 2= $(a + b)^2/2$

A soma das áreas dos 3 triângulos = área do trapézio:

$$ab/2 + ab/2 + (c^2)/2 = (a + b)^2/ 2$$

Efetuando as operações indicadas: $2(ab)/2 + c^2/2 = (a^2 + b^2 + 2ab)/2 \rightarrow$

$$a^2 + b^2 = c^2 \rightarrow c^2 = a^2 + b^2$$

Não existe em toda a matemática outro teorema mais conhecido que este. Em 1971 a Nicarágua lançou uma série de selos postais para homenagear as "dez fórmulas matemáticas mais importantes do mundo". Cada selo exibia a fórmula que lhe correspondia com as devidas explicações da sua importância. A de Pitágoras era uma delas!

Ao se consultar um livro de matemática, seja ele de que nível for, a chance de se deparar com o teorema de Pitágoras é enorme. Fato que já foi comentado. Com certeza é o teorema que mais mereceu a atenção de matemáticos e não matemáticos, durante os seus mais de quatro milênios de existência. Na literatura brasileira Millôr Fernandes (1924-2012) no poema *Poesia Matemática* conta-nos a história da hipotenusa amada apaixonadamente por um quociente, remetendo-nos a uma célebre guerra, onde vamos encontrar a Hipotenusa fazendo às vezes da Helena de Troia. O jornalista se inspirou na Guerra de Troia, enquanto eu, conto uma outra história.

Certa vez os dois catetos se apaixonaram pela hipotenusa criando um triângulo amoroso. Os catetos se dirigiram à hipotenusa e ambos pediram-na em casamento. Ela demonstrou surpresa e se disse lisonjeada *com o pedido, mas não sabia como e quando tomar a decisão e qual dos dois catetos escolheria. Os catetos insatisfeitos se retiraram e começaram a discutir, trocando argumentações de qualidades e direitos de um em relação ao outro. O maior dos catetos disse: eu a mereço mais do que você, porquanto sou o maior de nós dois; o outro respondeu: sou menor , todavia, tenho por medida seis unidades de comprimento; e seis é um número raro, perfeito; poucos são os números perfeitos. — argumentou — enfaticamente, o menor dos catetos — o número perfeito mais próximo de mim — continuou — é o número 28. O maior dos catetos — rebateu — mas, eu gero uma área maior, enquanto você gera uma de apenas 6^2 =36 unidades de área. Eu concorro para a área sob a hipotenusa, bem mais do que você!*

Depois de muito discutirem, um deles, não se sabe qual, disse algo surpreendente que pôs, de vez, fim à discórdia: "Se ela te escolher, eu me afasto e, sem mim, sozinho, você não formará o ângulo reto que dá vida a nossa amada hipotenusa! Nós dois vamos perdê-la para sempre!

***

No Renascimento, artistas e literatos ocuparam-se do Triângulo de Pitágoras, destacando-se Leonardo da Vinci (1452-1519) que contribuiu com uma das provas. Até hoje, revistas especializadas recebem "novas" provas do teorema, sem contar que, já houve casos de receberem, também, "contraprovas".

Apesar de ser chamado há séculos de Teorema de Pitágoras, a primeira demonstração na história do teorema não é devida a Pitágoras. Alguns dos filiados à escola pitagórica pode ter feito a demonstração, mas como era costume, tudo o que se fazia em termos de descobertas e feitos, passava a ser creditado ao Mestre Pitágoras. Portanto, o autor da primeira demonstração do teorema permanece um segredo na história da Geometria.

Nos Elementos de Euclides, onde está a primeira prova da milenar proposição não é ele o autor. A figura que aparece nos Elementos, usada para dar apoio à demonstração, assemelha-se a um moinho de vento, ou a uma cadeira de noiva, como é chamada.

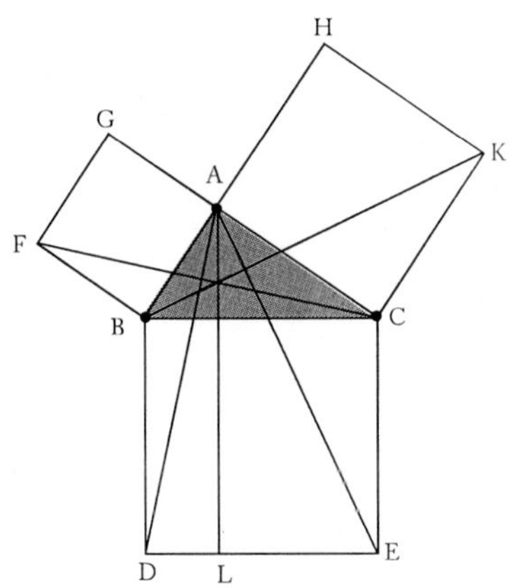

Figura 5.3 – Moinho de Vento.

De todas as demonstrações existentes para o teorema, a mais simples baseia-se na proporcionalidade dos lados dos dois triângulos obtidos quando se traça a altura ligando o vértice do ângulo reto à base. Esta demonstração é devida ao matemático hindu Bhaskara (1114-1185) do século XII, porém, redescoberta no século XVII pelo matemático inglês John Wallis (1616-1703).

Infinitos trios de números inteiros, tais como (5,12, 13) e (8,15,17), chamados pitagóricos, medem os lados de um triângulo retângulo. De fato: 52 + 122 = 132; 82 + 152 = 172. Desses infinitos ternos, o (3,4,5), já falado num capítulo anterior é o único formado por inteiros consecutivos. Os agrimensores egípcios ou "estiradores de corda",usavam uma corda dividida por nós, cujas partes formavam os lados do triângulo retângulo de lados 3, 4 e 5. Daí o nome "triângulo egípcio" para este terno.

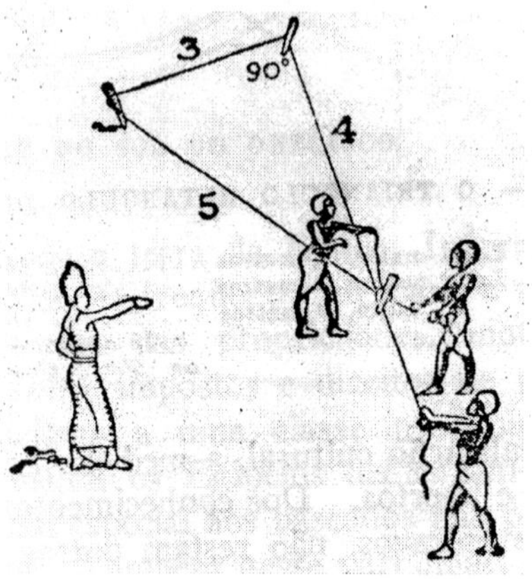

Figura 5.4 – Estiradores de corda

Com esse dispositivo, ao medirem as terras, tinham como estabelecer a direção perpendicular a outra, usando o ângulo reto do triângulo de corda.

A lenda de que Pitágoras sacrificou um boi (cem bois segundo outras versões) ao descobrir o teorema é questionável, tendo em vista as regras vegetarianas da escola. Afirmam alguns historiadores que ao ingressarem na irmandade, os pitagóricos faziam um juramento solene de nada divulgarem das descobertas científicas feitas pela escola. A quebra do juramento era punida com sanções severas, incluindo a condenação à morte.

***

Na superfície esférica, a relação entre os três lados do triângulo esférico assume o aspecto,

$$\cos \mathbf{a} = \cos\mathbf{b}\cos\mathbf{c} + \operatorname{sen}\mathbf{a}\operatorname{sen}\mathbf{b}\cos\hat{\mathbf{A}}$$

A relação de Pitágoras $\mathbf{a}^2 = \mathbf{b}^2 + \mathbf{c}^2$ muda de perfil por estar sujeita à curvatura da Terra. Os lados do triângulo não são mais segmentos de retas, mas, sim, arcos de círculos máximos.

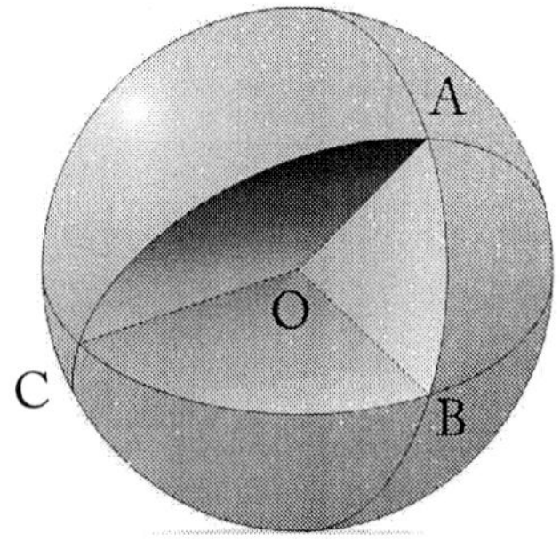

Figura 5.5 - Triângulo esférico retângulo ABC

Para constatar a equivalência da relação do produto dos cossenos dos catetos **b** e **c** com o da hipotenusa **a**, isto é, $\cos\mathbf{a} = \cos\mathbf{b}\cos\mathbf{c}$ com a conhecida de Pitágoras $a^2 = b^2 + c^2$, desenvolve-se em série de Taylor os termos da fórmula conhecida. Feito isso, se faz o R tender ao infinito[8]. Alguns termos do desenvolvimento tornam-se desprezíveis. Abandonando-se esses termos insignificantes chega-se à relação:

$$\mathbf{a}^2 = \mathbf{b}^2 + \mathbf{c}^2$$

***

[8] O raio infinito transforma a superfície esférica num plano, acarretando, é claro, a relação de Pitágoras, conforme a conhecemos.

VI – Pot-Pourri

Há 40 Séculos na China

No domínio chinês TANG do sétimo século, durante a realização de um torneio de matemática, presidido pelo matemático WANG HS'IAO-T'UNG, foi proposto aos 13 concorrentes o problema a seguir, considerado na época difícil.

Existe um triângulo retângulo no qual o produto de dois de seus lados é 54 960 e a hipotenusa excede o maior cateto de 16 unidades. Qual é esse triângulo?

Denominando os elementos; hipotenusa: a; catetos b e c; sendo b o maior dos catetos. Atendendo aos fatos, vamos em frente.

$ab = 54\ 960$; $a - b = 16 \rightarrow b = a - 16 \rightarrow a(a - 16) = 54\ 960 \rightarrow a^2 - 16a - 54960 = 0$ $\rightarrow$ equação do 2º grau $\rightarrow$ usando a fórmula simplificada, uma vez que o coeficiente de $a^2 = 1$ e o de **a** é um número par.

$$a = 8 + \sqrt{64 + 54\,960} \rightarrow a = 8 + \sqrt{54968} \rightarrow a = 242{,}5719506;$$

$$b = 242{,}5719506 - 16 \rightarrow b = 226{,}5719506;$$

$$c = \sqrt{(242{,}5719506)^2 - 226{,}5719506^2} \rightarrow c = 86.63891977$$

Respostas, a =242,5719506; b = 226,5719506 ; c = 86,63891977

O enunciado não especifica qual dos catetos entra no produto.

Na solução foi suposto dado o produto do maior cateto pela hipotenusa. Supondo que o produto dado é o dos dois catetos, chega-se a equação do 3º grau.

$$b^3 + 8b^2 - 94393800 = 0$$

A fórmula de Cardano-Tartaglia não contempla equações do 3º grau que contém o termo do 2º grau. O que faria um pesquisador para resolver a questão. Procuraria fazer uma transformação ditada por uma função para transformar a equação em uma equivalente, mas sem o termo do 2º grau. Ou voltando ao enunciado, procuraria seguir um outro caminho. Vamos lá!

Denominando, a= hipotenusa e catetos b o maior e o segundo cateto c.

Escreve-se:
$bc = 54960$ e $a - 16 = b$

Agora! $b^2 + c^2 = (b + 16)^2 \rightarrow b^2 + c^2 = b^2 + 32b + 256 \rightarrow c^2 = 32b + 256$ mas $b = 54960/c$ então: $c^2 = 32(54960/c) + 256 \rightarrow c^2 = 1758720/c + 256$

$$c^3 - 256c - 1758720 = 0 \quad (*)$$

O matemático chegou a uma equação do 3º grau equivalente à primeira, mas sem o termo do 2º grau. Aplica-se a fórmula de Cardano-Tartaglia.

$$Y^3 = \sqrt{-\frac{q}{2} + \sqrt{\frac{q^2}{4} + \frac{p^3}{27}}} + \sqrt[3]{-\frac{q}{2} - \sqrt{\frac{q^2}{4} + \frac{p^3}{27}}}$$

Figura 6.1– Fórmula de Cardano Tartaglia

Considera–se apenas a primeira parcela da fórmula que fornece a raiz positiva.

E para usarmos a fórmula acima, vamos fazer na equação (*) c = Y e os coeficientes 256 = p e 1758720 = q.

Observadas as equivalências entre símbolos e coeficientes, aplica-se, com atenção, a primeira parcela da fórmula de Cardano Tartaglia para, após alguns cálculos de soma e extração de raízes, chegar à raiz cúbica de 4976111,667, no caso

$$Y = 367{,}8154982$$

Há ainda uma última transformação para se ter o valor do cateto **c.**

$$C = 367{,}8154982 - 8/3$$
$$c = C = 365{,}8154982$$
$$b = B = 54960/365{,}8154982$$
$$a = A = 365{,}8154982 + 16 = 381{,}8154982$$

Aos que resolveram este primeiro problema, a comissão propôs outro, extraído do tratado Chiu Chang Suan-Shu de 2000 anos a.C., texto considerado como o equivalente chinês dos Elementos de Euclides. O problema em questão, diz o seguinte:

Uma árvore de 20 ch ih. de altura possui uma circunferência de 3 ch ih. Uma planta trepadeira se enrosca no tronco dessa árvore 7 vezes, até alcançar a copa. Qual é o comprimento dessa trepadeira?

Solução: Cada vez que a trepadeira completa uma volta, ela sobe uma distância no tronco. Essa distância é a altura da árvore dividida por 7, 20/7, pois ela precisa dar sete voltas completas para alcançar o topo; forma-se um triângulo retângulo, cujos lados são, um o comprimento da circunferência da árvore, o outro 20/7 e a hipotenusa que é o comprimento da trepadeira alcançado em cada uma das 7 etapas; como são 7 etapas, o valor de cada uma delas é 1/7 do comprimento da trepadeira até o topo.

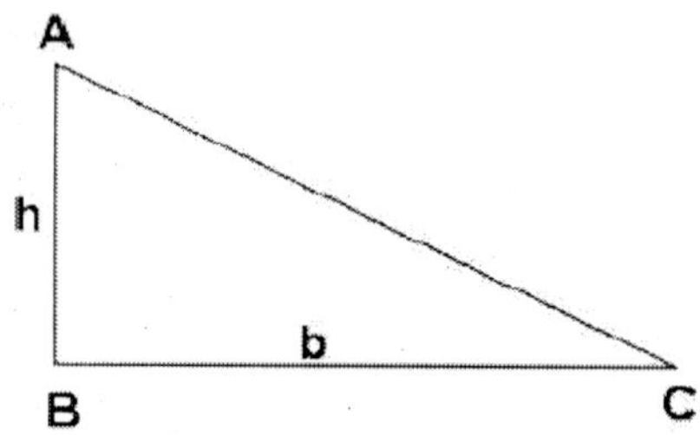

Figura 6.2 - Planta Trepadeira x Pitágoras

h= 20/7 ; b = 3 $\rightarrow$ 1/7 trepadeira = $\sqrt{(49/7)^2 + 3^2}$ = $\sqrt{841/49}$ =29/7

Comprimento da trepadeira = 7 vezes 29/7 = 29 ch ih

As Sete Velhinhas

Este problema, com alguma modificação, foi proposto há 3000 anos, fazendo parte do papiro Rhind (figura 1.1), um dos mais antigos documentos históricos da matemática egípcia. Esse papiro foi escrito por Ahmes, um escriba importante.

Sete velhinhas vão a Roma. Cada uma possui sete mulas carregadas cada uma com sete balaios, sendo que, em cada balaio, há sete embornais, cada embornal com sete facas e, cada faca dentro de sete bainhas, e, finalmente, cada bainha com sete pontas. Você, leitor atento, diga a soma de tudo que foi carregado!

Dois matemáticos dialogando.

Um pergunta para o outro.

— Como vamos abordar a questão das velhinhas?

— Multiplicando 7 x 7 x 7 x 7 x7 x 7 x 7 = 823543

— Não creio que seja este o caminho. O problema não deve ser assim tão simples: tem uma sutileza envolvida.

— Não acredito! Ah! Espere! Tem razão... As mulas não podem entrar como um fator no produto. Eis o raciocínio certo: As mulas são os meios de transportes dos objetos. Assim, vamos calcular o quanto cada uma das mulas transporta; a seguir multiplica-se por 7, que é a quantidade de objetos transportados por cada velhinha. Sendo 7 o número delas, multiplica-se por 7.

Uma mula transporta 7 balaios, mais $7 \times 7 = 7^2$ embornais, mais $7 \times 7 \times 7 = 7^3$ facas, mais $7 \times 7 \times 7 \times 7 = 7^4$ bainhas, mais $7 \times 7 \times 7 \times 7 \times 7 = 7^5$ pontas; total de coisas que transporta cada mula: $7 + 7^2 + 7^3 + 7^4 + 7^5 = 19607$. Uma velhinha, tendo 7 mulas, vai ser responsável pelo transporte de 19607 x 7= 137249 objetos; total de objetos transportados pelas 7 velhinhas: 137249 x 7 = 960 743 artigos.

— Perfeito! — concordou o que propusera a solução inicial.

O outro virou e perguntou: já observou como o sete é um número carismático? Só na Bíblia ele aparece centenas de vezes! O sete está presente em tudo e em todos: na mitologia, nas artes, nas sociedades secretas, no misticismo, nos jogos, na literatura, nos filmes, nas lendas, no folclore, nas histórias de casa e do campo, nos grupos noturnos de pessoas em volta de uma fogueira crepitante. É incrível o quanto e onde ele aparece. Na Matemática ele tem a primazia de ser o maior número primo de um algarismo e o primeiro número primo soma de dois outros!

— O sete aparece em todas as religiões, é um número sagrado! — reforçou o outro.

O Papa Geômetra

Gerbert d' Aurillac estudou na Espanha e Itália, serviu na Alemanha como tutor e mais tarde foi conselheiro do Imperador do Santo Império Romano, Otto III. Tendo sido arcebispo, primeiro em Reims e depois em Ravenna, escreveu uma geometria e desde muito cedo revelou um talento incomum. Foi um dos primeiros cristãos a estudar nas escolas muçulmanas da Espanha e há indícios de que ao retornar à França, seu país de origem, tenha introduzido na Europa cristã os numerais indo-arábicos (sem o zero)[9].

[9] O zero surgiu na Europa no início do século XIII

Figura 6.3 – O Papa Silvestre II

Atribui-se a ele a construção de ábacos, globos terrestres e celestes, um relógio e, talvez, um órgão. Esses feitos corroboram em alguns de seus contemporâneos a suspeita de que ele tenha vendido a alma ao demônio. Não obstante, ele subiu firmemente na hierarquia da Igreja, acabando por ser eleito Papa, com o nome de Silvestre II (c.950-1003), em 999. Considerado um erudito profundo, escreveu sobre Astrologia e muitos ramos da Matemática.

Em sua geometria apresenta a solução do problema tido por ele como muito difícil.

Problema do Papa Silvestre II

Calcular os catetos de um triângulo retângulo de área 2310 unidades quadradas e hipotenusa 221 unidades.

Os valores dos catetos guardam uma simetria que vamos ver.

Ao analisar o enunciado, o pesquisador matemático do século X iria observar que a área de um triângulo retângulo é o produto dos catetos dividido por 2. Este fato traduz uma simetria no triângulo. Nesta ideia, faz–se: a= hipotenusa, b e c os catetos. Atendendo aos dados apresentados, têm-se:

$bc = 4620;\ a = 221 \rightarrow (b + c)^2 = b^2 + c^2 + 2bc = a^2 + 2bc = 221^2 + 9240$

$(b + c)^2 = 58051 \rightarrow (b + c) = \sqrt{58051} \rightarrow (b + c) = 241 \rightarrow bc = 4620.$

Obtém–se o sistema, formado por **1)** $b + c = 241$ e **2)** $bc = 4620$;

De 1) tira-se $c = 241 - b$

Levando para **2)** : $b(241-b) = 4620 \rightarrow b^2 - 241b - 4620 = 0$. Resolvendo esta equação em **b,** do 2º grau, obtêm–se dois valores $b_1 = 220$; $b_2 = 21$. Acarretando, também, dois valores para **c:** $\mathbf{c_1} = 21$; $c_2 = 220$.

Como falou–se no início do desenvolvimento da solução, os dois valores para cada um dos catetos se relacionam aos dois valores do outro cateto, são simétricos, em valores, ou seja, se $b = 220$, $c = 21$ e, o contrário, se $b = 21$, $c = 220$. Tem–se aqui uma nova simetria para esse triângulo do Papa.

Verdade ou Mentira?

Havia uma comunidade que tinha dois templos para sacrificar os seus inimigos. O Templo da Verdade e o Templo da Mentira.

O prisioneiro mentiroso era sacrificado no templo da Mentira e o que falava a verdade no da Verdade. Certo dia, capturaram um inimigo que conhecia lógica. O Chefe dos Sacerdotes fez-lhe a pergunta de praxe:

O que você tem a dizer?

E uma das frases abaixo lhe salvou a vida. Qual delas?

a) Vou ser sacrificado no Templo da Verdade.
b) Vou ser sacrificado no Templo da Mentira.

O leitor/leitora se anima a arriscar?

O prisioneiro respondeu:

Vou ser sacrificado no Templo da Mentira!

O Sacerdote-Mor não teve como condenar o prisioneiro. Mandando-o para o Templo da Mentira, ele teria dito uma verdade, logo deveria ser levado para o da Verdade. Mas, sacrificado no da Verdade seria uma mentira, quando então deveria ser imolado no da Mentira. Nesse vai e vem, o esperto prisioneiro foi libertado.

O Desempenho do Seis

Apanhe o leitor 3 números consecutivos. À sua vontade, apenas com o maior deles divisível por 3. Por exemplo: 94, 95 e 96. Somando-se 94 + 95 + 96 = 285. Soma-se agora, os algarismos desse resultado:

2 + 8 + 5 = 15. E, por fim, 1 + 5 = 6

Outro exemplo: 376, 377 e 378. Somando estes números: 376 + 377 + 378 = 1131

Somando aos algarismos do resultado, 1 +1 +3 + 1 = 6. É sempre 6 o resultado, qualquer que seja a sua escolha dos três números.

Um matemático profissional iria logo querer mostrar porque só o maior tem que ser divisível por 3.

O número 6 é, por sua vez, um número notável no universo da Matemática! Eis porque: 1, 2 e 3 são os seus divisores. Somando-os, o resultado é o próprio 6. Pouquíssimos são os números que possuem essa propriedade! Depois do 6, o próximo número a desfrutar esse direito é o 28.

Seus divisores são 1, 2, 4, 7 e 14, cuja soma é 28. A seguir, o salto é enorme! 496 é o terceiro. O quarto número *perfeito*, como são chamados esses espécimes raros da Matemática, possui 4 algarismos: 8 128.

Até a Idade Média, eram conhecidos apenas 5 números perfeitos, com o 33 550 336 encerrando a lista. Atualmente são conhecidos mais de 40 números perfeitos! O trigésimo, descoberto em 1985, possui mais de 130 000 algarismos. Se fôssemos escrever esse número, com algarismos do tamanho deste

6

precisaríamos de uma fita de papel do tamanho da circunferência do estádio do Maracanã localizado, no Rio de Janeiro.

Figura 6.4 – Estádio Maracanã, nome oficial Mário Filho, inaugurado em 1950 para a Copa do Mundo de Futebol. Iniciadas as obras em agosto de 1948 só foram definitivamente concluídas em 1965. É o maior estádio do Mundo com lugares para 92 000 expectadores.

No passado o 6 e o 28 desfrutavam de muito prestígio entre os místicos! O 28 por ser a duração do mês lunar e o 6 por estar ligado à criação do universo.

Apesar da mística em relação ao 6, Santo Agostinho afirmava: *O 6 é perfeito independentemente da vontade divina!*.

Monotonia Curiosa

Podemos formar números a nossa vontade. Por exemplo, um número só de setes: 7777777. Ou então, com todos os nove algarismos significativos.

987654321

Mas, que tal se formar números só de algarismos uns?

A saber:

1111111111

Tais números têm um nome especial. São chamados *as unidades ou uno-monodígitos.*

Saber se um desses números é ou não primo é uma tarefa do agrado dos matemáticos. Números primos são os inteiros positivos 2,3,5,7,11.17 e mais outros milhares. À medida que avançamos na sequência dos números inteiros, eles, os primos, vão se escasseando. Os demais números inteiros positivos são ditos compostos. Os números 123456789 e 1111111111 são exemplos de números compostos. Dê o leitor a sua confirmação.

Como primos os uno-monodígitos ou "*repunit numbers*", como são chamados pelos ingleses, merecem alguns comentários.

O primeiro deles é o 11

O segundo é formado por 19 uns:

1 111 111 111 111 111 111

Dependendo da quantidade de uns é fácil saber se um dado uno-monodígito é primo ou composto! O leitor provavelmente já atinou com a resposta.

Se não, basta contar os uns para ver se o número resultante é par ou ímpar. Sendo par, o número é, obviamente, divisível por 11.

Quando a quantidade de uns é um múltiplo de 3 ou de 9, o número, também, é composto.

O Repunit 111 111 111 111 111 111 111 111 111 111 111 111 111 111 111

é divisível por 9. Basta ver que é formado por 45 unidades!

Mas, quando a fila de uns é enorme e o número de uns não é par ou um múltiplo de 3 ou 9, começam as dificuldades.

Qualquer número pode ser escrito na forma de uma adição de potências de 10. Exemplo:

$$97\,543 = \mathbf{9}\times10^4 + \mathbf{7}\times10^3 + \mathbf{5}\times10^2 + \mathbf{4}\times10 + \mathbf{3}$$

O uno-monodígito 1 111 nesta forma se escreve:

$$10^4 + 10^3 + 10^2 + 10 + 1$$

Naturalmente, não é necessário escrever os seus algarismos, por serem todos iguais a 1.

Se ele tem **n** algarismos, escreve-se:

$$10^n + 10^{n-1} + 10^{n-2} + \ldots + 10^2 + 10 + 1$$

Esta adição pode ser obtida pela fórmula usual da soma dos termos de uma progressão geométrica. Sendo assim, pode-se sintetizar o uno-monodígito de **n** algarismos pela expressão:

$$(10^{n+1} - 1)/9$$

De fato, observe o leitor o exemplo:

$$11\,111 = (10^{4+1} - 1)/9 = (10^5 - 1)/9 = 99999/9$$

Para saber se é um primo, basta examinar, segundo os especialistas em Teoria dos Números, a natureza de numerador $10^x - 1$ da fração. Se **x** for um número composto eles garantem que o monodígito em questão não é primo. A dúvida fica quando **x** é um número primo, e para esclarecê-la, é uma tarefa que exige um tempo enorme de computação.

Até o início deste século XXI, os uno-monodígitos $M_{2,}$ M_{19}, M_{23}, M_{317} e M_{1031} formam a lista dos primos conhecidos, enquanto são suspeitos de serem primos os M_{49081} e M_{86453}.

Esta forma sintética de representar os uno-monodígitos deve-se ao fervor que os matemáticos têm pela síntese e a generalização, daí, adorarem os símbolos! Ao tratar com as "unidades repetidas" não poderiam agir diferentes. Por isto escrevem:

$$M_1 = 1,\ M_2 = 11,\ M_3 = 111,\ M_4 = 1\,111 \text{ e } M_n = 11 \ldots 111$$

Isto é, ao invés de escreverem, por exemplo, o uno-monodígito de 100 uns, condensam a história no símbolo:

$$\mathbf{M_{100}}$$

O leitor ou leitora há de concordar com eles, pois, é uma economia gigantesca! Mas, não é só isto. O uso de símbolos condicionam a segurança e a precisão das verdades matemáticas. No caso dos monodígitos, por exemplo, com economia e segurança, pode-se afirmar a proposição:

se **n** divide **m** então $\mathbf{M}_n$ divide $\mathbf{M}_m$. Verifiquem esta verdade!

Agora uma surpresa:

Nenhum uno-monodígito pode ser um quadrado. O mesmo não se pode dizer de vir a existir um "*repunit*" cubo perfeito. Os matemáticos não sabem dizer embora pesquisem se existe tal número ou não, tornando-se, portanto, mais uma das questões em aberto na Matemática.

Existem muitas questões em aberto na Matemática. Uma delas tornou-se motivo para um romance: trata-se do "Tio Petros e a Conjectura de Goldbach" do autor Apostolos Doxiadis nascido na Austrália e criado em Atenas. Há tradução desse livro no Brasil pela Editora 34.

A Conjectura de Goldbach afirma que todo número inteiro par, maior do que 2, pode ser escrito como soma de dois números primos. Exemplos: 12 = 5 + 7; 30 = 13 + 17.

Os matemáticos procuram uma demonstração para a conjectura, mas até o momento nenhum deles conseguiu o feito. Com o auxílio de computadores a conjectura já foi testada para milhares de números pares, porém para a Matemática só interessa uma prova; enquanto isso a questão permanece em aberto.

Os Primos Bolas de Neve

Também chamados *primos de camadas*, são aqueles que mesmo depois de destituídos, em sequência, da direita para a esquerda, de um ou mais de seus algarismos, ainda assim, continuam primos. Em outras palavras: ao escrever esse tipo de primo, se você, no meio da escrita, resolver parar, com toda a certeza, já escreveu um número primo! Se não, veja!

73 939 133 é o maior deles, até hoje, conhecido.

Vamos reescrevê-lo, algarismo por algarismo:

7, 73, 739, 7393, 73 939, 739391, 7393913 e, por último, o próprio:

73 939 133

São oito, todos eles primos!

A Turista

Na Cidade dos Mortos, do antigo Egito, um casal conversava próximo a uma das pirâmides. Tratava-se de um guia e uma turista. De repente, surge, do meio das edificações, um enorme leão, dando a impressão que fora solto ali, de propósito. O animal, em princípio, sente-se desorientado, mas, logo que vê o casal, parte para o ataque! A turista corre assustada, em direção à pirâmide, enquanto o guia perde algum tempo, avaliando o que fazer para proteger a cliente. Por fim, corre também, atrás da moça. Os dois, em pânico, sobem a pirâmide numa correria desordenada, tropeçando e caindo, procurando, ambos, alcançar rapidamente o topo. Como se lá estariam salvos. Próximo do fim da correria ouve-se um disparo e o felino cai fulminado. Daí a instantes, três estranhos, dois deles esbaforidos, aproximam-se do local. Um deles empunhando um rifle fora o que abatera o animal; tratava–se do Coronel Sebastian Moran, caçador de animais de grande porte. Com ele estavam Sherlock Holmes e o Dr. Watson. Vão até a moça. Esta, em estado de choque, permanecia parada a 1 degrau do topo da pirâmide. O guia estava mais abaixo, também imóvel, a 9 degraus do topo. O leão morto caíra a 19 degraus do cume da pirâmide. Depois de certificar-se disto, Holmes, vira-se para o companheiro e diz:

— Veja Watson! Na hora em que o Coronel abateu o felino, a moça estava a 1 degrau do topo, o guia a 9 degraus e o leão a 19. Supondo que na correria, a moça tenha subido 5 degraus a cada instante, o guia 6 e o leão 7, pergunto a você:

Quantos degraus têm esta pirâmide?

— Holmes! Numa hora dessas vem você inventar um problema sem propósito: o que tem a altura desta pirâmide a ver com o susto que passaram estas pessoas? Você está brincando!

— Não mesmo, meu caro Watson. O mundo é essencialmente matemático! Até mesmo nas nossas ações corriqueiras a Matemática está presente. É como eu sempre digo: as pessoas observam, mas não veem! Aqui, neste caso, se a altura da pirâmide é um número, basta considerar a divisão.

***

Problemas desta natureza deram origem à descoberta do famoso "teorema chinês dos restos". A razão de ser assim chamado, deve-se ao matemático chinês Sun-Tsu, do primeiro século da nossa era, ter proposto o problema a seguir, do mesmo gênero.

Qual é o número que deixa restos 2, 3 e 2 quando dividido, respectivamente, por 3, 5 e 7?

No problema da pirâmide os divisores são 5, 6 e 7, os restos 1, 3 e 5 e a solução...

Bem, vamos a ela, quando voltarmos para o hotel. Disse o famoso detetive consultor. Assim que chegamos de volta ao hotel, dirigimos para o nosso quarto, Sherlock Holmes pegou um bloco e começou:

— Seja **x** a quantidade de degraus da pirâmide. Escreve-se três relações, Watson!

Mas tendo-se em mente o raciocínio, baseando-se nos dados que apontei lá para você x-1= mult.5; x-9 =mult.6; x-19= mult.7. Agora algumas substituições: 9 dividido por 6, resto 3; 19 dividido por 7, resto 5. Reescrevendo as igualdades:

x – 1= mult.5
x – 3 = mult. 6
x – 5 = mult. 7 → 210 (mínimo múltiplo comum de (5,6,7) → x– 1 = x-3 = x-5
210 – (1 + 3 + 5) = 201 é o número de degraus da pirâmide!

O Beethoven da Matemática

A França sempre contou com grandes matemáticos. Um deles, do século XVIII, foi Joseph Louis Lagrange (1736-1813), considerado o Beethoven da Matemática: ele e o grande compositor clássico tinham curiosamente muitas coisas em comum. Ambos eram filhos de grandes famílias e, em suas áreas, considerados notáveis teóricos. Os sete irmãos de Beethoven sofriam de graves males congênitos, cinco morreram na infância.

De sua parte, Lagrange foi o único dos filhos a atingir a idade adulta.

De temperamentos introvertidos, Beethoven e Lagrange, sofriam ambos de acessos de solidão e melancolia.

Certa ocasião alguém notando o ar alheio de Lagrange, durante um recital musical, perguntou o que ele achava da Música. E ele respondeu: "a Música me isola; eu ouço os três primeiros compassos; no quarto eu já não distingo mais nada; entrego-me aos meus pensamentos; nada interrompe-me; e é assim que eu tenho resolvido mais de um problema difícil."

Ludwig Van Beethoven (1770-1827) escrevia música com uma preocupação matemática intuitiva, disposto a optar por uma composição elaborada a partir de múltiplos inteiros para os harmônicos, em detrimento de uma melodia sedutora. No entanto, a aritmética o confundia: nunca aprendeu a multiplicar ou a dividir e tinha dificuldades com simples contas domésticas. Em suas cartas muitas vezes escrevia "41" no lugar de "14" e "1808" para "1088".

Figura 6.5 - Beethoven e Lagrange

Sem vocação para o matrimônio, Lagrange casou-se pela primeira vez, mais para ter quem cuidasse das tarefas domésticas. Por ocasião do casamento, o matemático D'Alembert escreveu-lhe dizendo:

Espero que como matemático tenhas calculado bem a tua felicidade.

Não sei se calculei bem ou mal, ou antes, acredito mesmo que nada calculei. — respondeu Lagrange

Na verdade, em termos de tempo de união, o matemático calculara mal. Sua esposa, uma parenta, vinda de Berlim, morreu dois anos depois do casamento. Não resistira ao clima inóspito da Prússia.

Com as mulheres Beethoven teve uma relação conturbada. A sua amada imortal constitui um mistério. A carta a ela endereçada nunca foi enviada. Por causa de sua surdez que sempre procurou esconder passou por uma depressão, quando pensou em suicídio.

Na Escola Politécnica, como professor, Lagrange teve várias experiências, uma delas com características de mistério.

Dentre os trabalhos de seus alunos, os que eram assinados pelo *M. Leblanc* chamara-lhe a atenção pelos acertos e exposições das questões mais complexas de Cálculo Diferencial e Integral. Entusiasmado com o desempenho desse brilhante e desconhecido estudante, Lagrange procurou descobri-lo, porém ninguém sabia dizer quem era o senhor *Leblanc.* Durante meses prosseguiu na busca, sem qualquer sucesso!

Certo dia de um inverno rigoroso, Lagrange subindo uma das escadas da Instituição, deixou cair algumas folhas, com questões resolvidas de matemática. Uma moça vinha descendo, viu o ocorrido, lépida e prestativa, abaixou-se para ajudar o professor na recuperação das folhas que escorriam escada abaixo, impulsionadas pelo vento.

A jovem, atraída pelos símbolos e figuras, algumas coloridas, nas folhas recolhidas, passou a analisar os cálculos e após alguns instantes de reflexão, não se conteve e exclamou: *Nao me parece ser este o caminho...* Logo em seguida, atônita, parou de falar, levando a mão à boca, e, embaraçada, voltou-se para o professor, entregou-lhe as folhas, mesmo antes de juntá-las, e procurando afastar-se o mais rápido possível do local, foi detida pelo mestre. Lagrange havia percebido num segundo que não estava diante de uma moça qualquer. Com um sorriso largo de triunfo, agradeceu a moça, dizendo a seguir:

Monsieur Leblanc?

Surpreendida, Sophie Germain (este era o seu nome verdadeiro) não teve como negar a falsa identidade. As mulheres, naquela época, não podiam estudar; apelavam para o recurso do pseudônimo masculino, para assinar os trabalhos dados pelos professores, cujos ensinamentos eram tirados das anotações de aulas, adquiridas com a ajuda de um aluno regular da Politécnica.

Após esse encontro, Sophie e Lagrange ficaram amigos, sendo que ela tornou-se, mais tarde, uma matemática de prestígio, com contribuições na Teoria da Elasticidade e Geometria Diferencial.

Quanto a Lagrange, continuou com suas aulas cobrindo vários assuntos da Matemática, exceto Geometria de que não gostava.

Em certa ocasião, durante as suas aulas, ele percebeu que a quantidade de ouvintes variava com a entrada e saída de pessoas. Resolveu indagar a respeito e teve uma surpresa. Na esquina da faculdade tinha um ponto de carruagens. Os cocheiros, para fugir do frio rigoroso, procuravam o aquecimento do anfiteatro. Mais tarde, confessaram, além de se defenderem do frio, apreciavam sobremaneira as aulas do mestre.

Certa ocasião, Lagrange disse:

O matemático só pode dizer que entendeu um assunto de sua disciplina quando puder explicá-lo ao primeiro homem que encontrar na rua.

Aos cinquenta e seis anos, Lagrange foi acometido de depressão nervosa, que quase o levou ao suicídio. O amor e a dedicação de uma jovem, com quem, depois de muitas insistências, se casou em segundas núpcias, fizeram com que ele saísse da prostração e voltasse a gostar de viver.

Uma Extraordinária Autodidata

Maria Gaetana Agnesi (1718-1799) sem ter nunca frequentado uma faculdade foi uma talentosa e erudita matemática italiana. Nascida em Milão, em 1718, época que eram nulas as chances de uma mulher estudar qualquer ciência, muito menos, Matemática. Ainda criança já dominava o latim, o grego, o hebreu, o francês, o espanhol, o alemão e várias outras línguas.

Figura 6.6 – Maria Gaetana Agnesi

O pai, professor de Matemática na Universidade de Bolonha, tinha prazer de receber em casa os intelectuais da moda para ver a filha trocar ideias com eles em suas próprias línguas. Dessas discussões resultaram 190 ensaios escritos por ela, tratando, além da Matemática, dos mais diversos assuntos como Lógica, Filosofia, Astronomia, Zoologia, Mineralogia, e outros mais.

Dos seus vinte irmãos por parte de pai, um deles, o benjamim[10], demostrara talento para a Matemática. Para incentivá-lo Maria Agnesi escreveu um trabalho em dois volumes, sobre matemática elementar e avançada, estruturados para atender ao espírito jovem.

Em 1749 Agnesi foi indicada pelo papa Benedito XIV para a Universidade de Bolonha, mas nunca lecionou na instituição.

A curva "A Feiticeira de Agnesi" tem este nome graças a uma história pitoresca. Maria escreveu sobre essa curva no seu Manual e referiu-se a ela como a *versiera* que significa "girar". Ao traduzir o Manual para o inglês, o matemático Lucasiano John Colson (1680-1759) de Cambridge cometeu o erro de confundir *versiera* com *avversiere* que é a esposa do Diabo, a bruxa, ou a feiticeira. Como ninguém reclamou, a curva tem esse nome, embora ela, curva, não apresente nada de demoníaco. A não ser, talvez, para as pessoas supersticiosas que veem bruxaria em algumas formas geométricas.

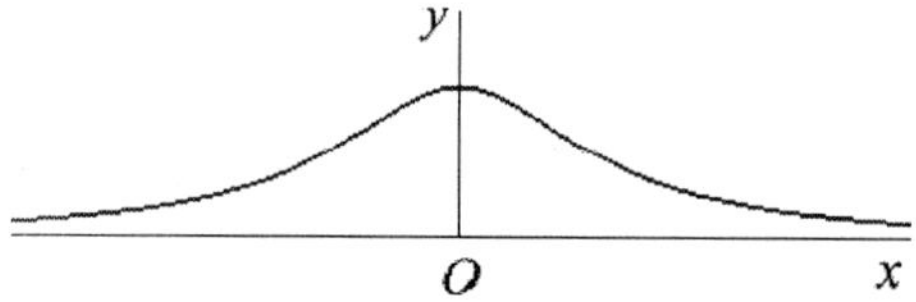

Figura 6.7- A curva conhecida como a "A Feiticeira de Agnesi"

São várias e misteriosas as propriedades desta curva, a qual tem por parente outra, chamada *Pseudofeiticeira.* A partir desta curva, Leibniz deduziu a surpreendente igualdade, relacionada ao número $\pi = 3{,}1415926...$

---

[10] O filho mais jovem de uma família e, por extensão de sentido, o preferido dos pais.

$$\frac{\pi}{4} = 1 - \frac{1}{3} + \frac{1}{5} - \frac{1}{7} + \ldots$$

Maria Agnesi abominava a notoriedade e por várias vezes tentou entregar-se a uma vida de reclusão. Conseguiu isto com a morte do pai, dedicando o resto da sua vida a obras de caridade e estudo religioso. Morreu em 1799, como diretora de uma instituição beneficente de Milão.

Esta extraordinária autodidata possuía ainda uma surpreendente particularidade: nas suas incontáveis noites de estudos, várias vezes fora dormir, deixando por resolver alguma questão cuja solução não atinara. Na manhã seguinte, se assustava por encontrar, sobre a sua escrivaninha, o mesmo problema elegantemente resolvido. A letra era sua e a explicação não poderia ser outra: ela própria o resolvera em estado de sonambulismo, mal que lhe acontecia eventualmente.

Um lógico nada racional

Augustus De Morgan (1806-1871) foi um lógico-matemático inusitado. Nasceu em Madrasta, Índia, em 1806 de pais ingleses. Cego do olho direito já ao nascer, educou-se no Trinity College de Cambridge, mas não obteve o grau de *Master of Arts* por sua intolerância aos preceitos da Igreja Católica Anglicana. Esta posição em relação à Igreja o impediu também de ser professor daquela universidade.

Figura 6.8 - Augustus de Morgan

Em 1828, foi nomeado professor da recém-fundada Universidade de Londres, onde ficou até quase a sua morte em 1871, mas não ininterruptamente, pois, sendo um grande defensor da liberdade acadêmica, criou para si sérios problemas envolvendo a administração da entidade. Nos assuntos acadêmicos, posicionava-se ora ao lado dos alunos, ora do lado contrário, por isto esteve alguns anos fora da instituição.

No seu desempenho profissional tornou-se o primeiro presidente da Sociedade de Matemática de Londres a qual, anos depois, iria instituir a medalha *De Morgan* para premiar trabalhos de matemática. Na Teoria dos Conjuntos, seu nome aparece nas chamadas *Leis de De Morgan* e é considerado um dos responsáveis pelo progresso da Álgebra e Lógica-Matemática na Inglaterra.

Como cidadão consta que nunca votou em qualquer eleição, bem como jamais visitou o Parlamento Inglês, a Abadia de Westminster ou a famosa Torre de Londres e no dia a dia tinha por norma nunca passar duas vezes pelo mesmo lugar.

Figura 6.9 – A Torre de Londres

Socialmente era um amante das grandes cidades e um exímio tocador de flauta, porém, uma coisa o aborrecia bastante, dizer a idade, tanto que a sua forte inclinação para quebra-cabeças e adivinhações fez com que descobrisse um fato interessante. Quando lhe perguntavam a idade, respondia: *Eu tinha x anos no ano* x^2. Com isso, deixava ao curioso interlocutor um enigma para resolver.[11]

A propósito, se De Morgan tivesse nascido alguns séculos antes, quantos anos teria em 1387? A resposta está no apêndice.

[11] De Morgan viveu no século XIX, logo a solução está em encontrar um número cujo quadrado não ultrapasse 1 900.

VII – A Conquista dos Mares

A reta da superfície esférica

Três quartos da superfície da Terra são cobertos pelos mares e oceanos, sendo que destes últimos o mais profundo e extenso é o oceano Pacífico. A maior profundidade que se conhece desse oceano ultrapassa os 11 mil metros. Independentemente das características físicas dos mares e oceanos, os navios, nas suas viagens, têm que levar em conta a forma esférica da Terra, ou seja, há que fazer uso da geometria intrínseca da superfície dos oceanos. A geometria em questão, sob muitos aspectos, é bem diferente da geometria comum. A começar com o conceito de "reta"! Na superfície dos mares não se tem a linha reta, em razão da curvatura do planeta. Sendo assim, busca-se um substituto que, no caso, é o arco de círculo máximo, por ser, a exemplo da reta, a linha de menor distância entre dois pontos de uma superfície esférica.

Obtém-se um círculo máximo quando se seciona uma esfera por um plano que passe pelo centro dela.

Quando os planos seccionantes não contêm o centro da esfera, os círculos resultantes são menores, consequentemente possuem raios menores do que o da esfera a que pertencem. O Equador terrestre e os meridianos são exemplos de círculos máximos; os círculos definidos por planos paralelos ao Equador são círculos menores.

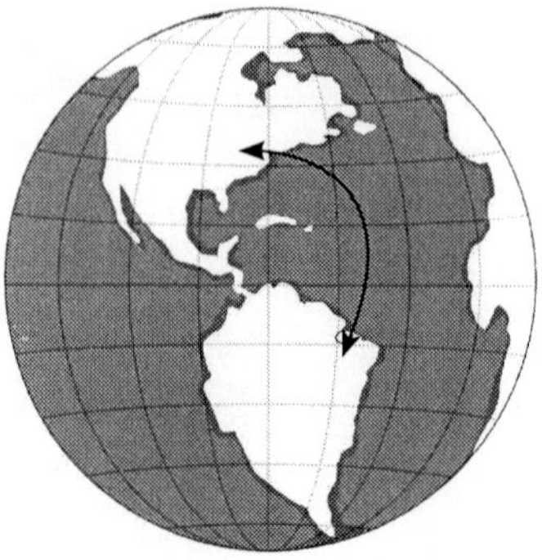

Figura 7.1 - Trecho de um círculo máximo unindo dois pontos

A curvatura é o inverso do raio. Assim, dentre os círculos máximos e menores, o máximo é o de menor curvatura e isso faz dele, na superfície esférica, o representante natural da reta.

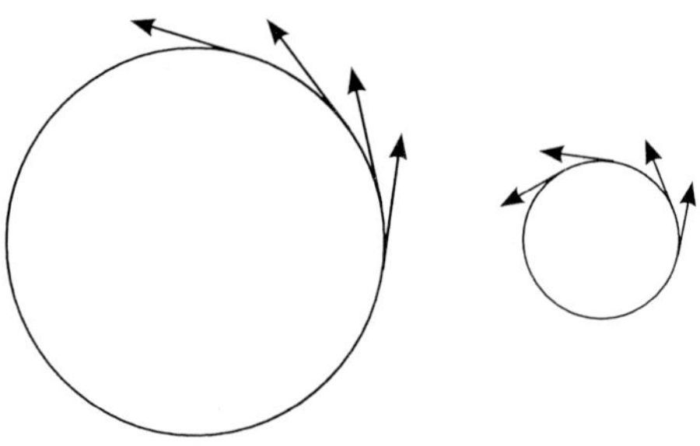

Figura 7.2 – Maior o raio menor a curvatura

Sobre a superfície dos mares definem-se, a exemplo do que se faz no plano, ângulos, triângulos, quadriláteros, polígonos e círculos, estruturando-se uma geometria com consequências diferentes das obtidas na geometria do plano.

Por exemplo, as "retas", ou círculos máximos, não têm comprimento infinito, é claro, têm um comprimento constante igual a $2\pi R$. Por sua vez os triângulos da superfície esférica têm a soma dos ângulos superior a π radianos, ou 180° e essa soma é proporcional à área do triângulo. Quanto maior a soma dos ângulos maior é a área do triângulo. A fórmula para o cálculo da área do triângulo

$$S = R^2\left(\hat{A} + \hat{B} + \hat{C} - \pi\right),$$

onde R é o raio da esfera mostra o que foi dito.

Reescrevendo-a na forma

$$\frac{S}{R^2} = \left(\hat{A} + \hat{B} + \hat{C} - \pi\right)$$

conclui-se que quando o raio R assume um valor muito, muito grande, isto é, tenda ao infinito, a fração $\frac{S}{R^2}$, fica tão próxima de zero que o seu valor é desprezível, com isto, a relação toma a forma:

$$0 = \left(\hat{A} + \hat{B} + \hat{C} - \pi\right)$$

Ou seja:

$$\hat{A} + \hat{B} + \hat{C} = 180^\circ$$

Resultado que concorda com o da geometria usual.

Por outro lado, se um triângulo é a ampliação de outro, os ângulos do triângulo ampliado mudam de valores. Essa consequência advém do fato de não se ter círculos máximos ("retas") paralelos na superfície esférica. Dois círculos máximos sempre se interceptam! O leitor/leitora poderia dizer em quantos pontos ocorre essa interceptação?

Veja o caso de dois meridianos na superfície esférica da Terra. Eles sempre convergem para os polos.

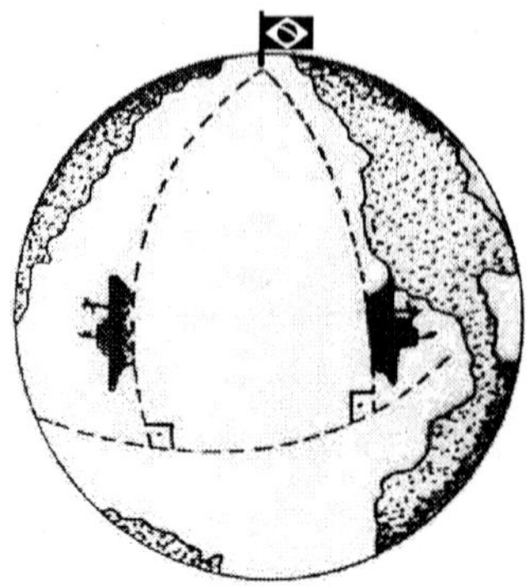

Figura 7.3 – A convergência dos meridianos.

As diferenças do que ocorre no plano para o que acontece na superfície esférica são várias. Imagine a seguinte situação: Um navio saindo do ponto **P** (figura 7.4) quer alcançar o ponto **Q** tendo no caminho uma ilha de proporções gigantescas, impedindo o caminho direto. Qual seria o melhor caminho considerando economia de distância? Saindo de **P** percorre primeiro o arco de paralelo (pedaço de um círculo menor) até o meridiano de **Q** e, a seguir o arco de meridiano (círculo máximo) até o paralelo **Q**; ou, primeiro o arco de meridiano até o paralelo de **Q**; a seguir o arco de paralelo de Q?

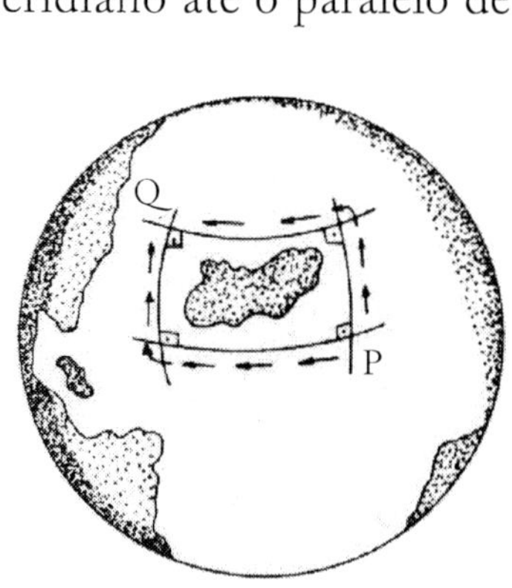

Figura 7.4 - Comparação entre distâncias

A menor distância é dada pela segunda hipótese. Motivo: aproveita a convergência dos meridianos. Qualquer dúvida é só olhar o apêndice no final do livro.

A propósito! Se um navio contorna uma região do globo terrestre dá ao Comandante de um navio condições de calcular a curvatura da Terra, cujo valor é $\frac{1}{R^2}$. Imagine um barco partindo do Equador que resolva percorrer o perímetro de um triângulo esférico. Parte do ponto A, no Equador, com a proa para o Norte e viaja até o polo, de onde regressa à linha do Equador por outro meridiano. Nessa sua viagem, o navio muda de rumo (direção) três vezes. Em cada mudança o rumo varia em 90° em cada vértice, com um resultado de 90° vezes 3 =270°= 90°x 3, assim distribuídos: muda o rumo em 90°, no polo, para regressar ao ponto B no Equador. Neste ponto, volta a acrescentar ao rumo mais 90°. E, por fim, ao atingir o ponto A altera novamente a direção do navio, para chegar ao ponto de partida, aproado ao Norte. Ao iniciar o contorno do triângulo, o navio estava com a proa apontada para o Norte, ou seja, rumo 360° (ângulo formado pela direção norte do meridiano com a direção da proa do navio). Após contornar, a variação de rumo foi de 360° - 270° = 90°. Essa variação foi para contornar um triângulo esférico de área $\frac{\pi R^2}{2}$ ($\frac{1}{8}$ da área total de uma esfera). Dividindo-se $\frac{\pi}{2}$ (90°) por, $\frac{R^2}{2}$ obtém-se o valor $\frac{1}{R^2}$ para a curvatura da Terra.

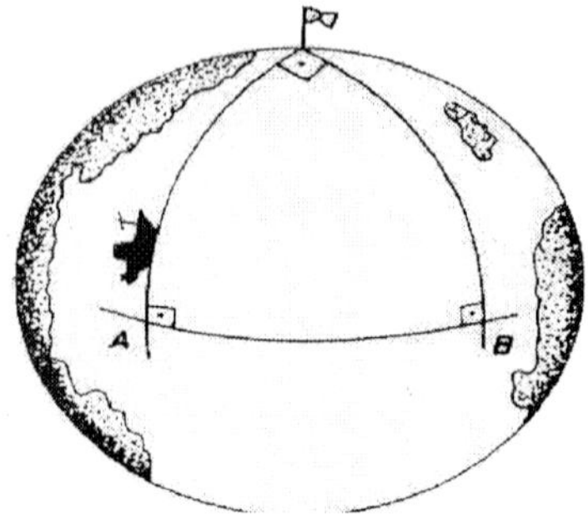

Figura 7.5 – Medindo a curvatura da Terra

O valor da variação em direção, quando se contorna uma área triangular de uma superfície, relaciona-se com a sua curvatura. No plano, por exemplo, o marinheiro, percorrendo o perímetro do triângulo experimenta uma mudança de direção de $\alpha + \beta + \gamma = 360°$ ou 2 radianos. Fazendo a subtração $360° - 360° = 0$. Dividindo este valor pela área **S** do triângulo, chega-se à curvatura nula do plano.

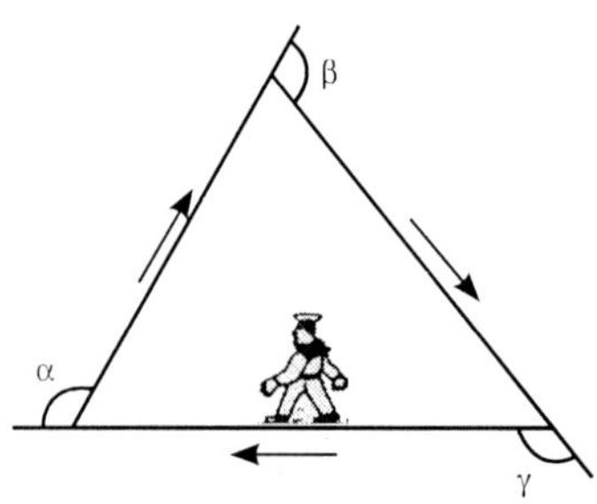

Figura 7.6 – No plano a variação de rumo no total é nula

O problema fundamental da navegação marítima é saber onde o navio está a qualquer momento. Sem esse conhecimento, a navegação está seriamente comprometida, principalmente quando se navega próximo ao litoral, onde o risco de encalhe ou o choque com uma pedra ou ilha mantêm os marinheiros em constante estado de alerta. Quando o navio está se aproximando do litoral, vindo de uma longa travessia oceânica, o navegador experiente aguarda o instante em que a extremidade ou a luz do farol (se for à noite) desponte na linha do horizonte. Nesse instante, conhecendo-se a altura do olho do observador, no caso o navegador, em pé, no passadiço do navio e a elevação do farol, ambos, em relação ao nível do mar, o Comandante calcula a distância do seu navio à costa pela fórmula:

$$d= 2{,}07\,(\sqrt{H} + \sqrt{h})$$ [12]

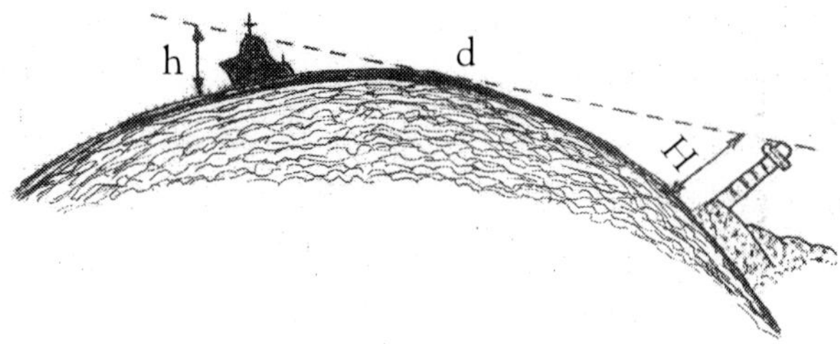

Figura 7.7 Distância do navio à costa tirando proveito da curvatura da Terra

Aprecie o leitor a aplicação da fórmula, imaginando a situação: o Oficial-Navegador de um transatlântico tem o seu olho elevado 16 m em relação à linha d'água e observa o instante em que a luz do farol Monte Verde de 81 m brilha no horizonte. Qual a distância do navio ao litoral?

O Oficial-Navegador substitui na fórmula os valores correspondentes:

$$d= 2{,}07\,(\sqrt{81} + \sqrt{16}) = 2{,}07(9 + 4) = 26{,}9 \text{ milhas marítimas.}$$

Um navio quando empreende uma travessia oceânica, só chegará ao porto de destino se, durante todo o trajeto, o Comandante for

[12] O Almanaque Náutico, publicação oficial da Marinha do Brasil, fornece as alturas dos faróis. Uma milha marítima = 1852m

capaz de dizer onde está o seu navio e para onde ele está indo. É fácil entender isto quando se pensa numa pessoa que tenha que ir de um local a outro de uma cidade. Em todo o trajeto, a pessoa tem que se orientar, avaliando a sua posição. Se não for assim, não chegará ao seu destino. O mesmo acontece com um navio; durante toda a travessia a preocupação do navegante é saber a latitude e longitude da sua embarcação. Sem conhecer as coordenadas do navio, ele não tem como conduzir a navegação com segurança.

Atualmente com o GPS as coisas simplificaram consideravelmente. Ao apertar um botão tem-se a posição do navio. Todavia o navegante não pode esquecer que a eletrônica pode falhar. Por isso os navios mantêm preparados os instrumentos do passado.

A latitude, desde os tempos mais remotos, não ofereceu muita dificuldade no seu cálculo, enquanto o cálculo da longitude permaneceu por séculos uma coordenada difícil de se obter. A tecnologia atual permite obter a posição de uma embarcação com uma precisão extraordinária. O erro que se comete na posição do navio é da ordem de metros, inacreditável para os navegadores da época dos grandes descobrimentos. Naqueles tempos, os erros de navegação, acumulados durante uma travessia oceânica chegavam a centenas de milhas marítimas. Muitas tragédias ocorreram em razão dessa incapacidade de poder obter a posição do navio com uma aceitável margem de erro. Em uma delas, o Comandante, não conhecendo direito as coordenadas do navio, em particular a longitude, chocou-se com uma ilha. O barco soçobrou em poucos minutos, matando todos a bordo. Hoje sabemos que a longitude é obtida comparando a hora local com a hora do meridiano de Greenwich: se são 15 horas em um transatlântico, quando são 20 horas em Greenwich, então o navio estará no longitude 5 horas ou 75° a oeste de Greenwich. A bordo, têm sempre duas horas: a local, fornecida pelos relógios do navio, e a de Greenwich, dada pelo cronômetro, um relógio de alta precisão que as embarcações carregam.

A história da obtenção desse relógio de desempenho impecável mexeu com as mentes de brilhantes cientistas da época. Até Isaac Newton (1642-1727) esteve envolvido, porém, nenhum deles conseguiu resolver o problema.

A incapacidade de calcular a longitude no mar tornou-se tão crítica que governos interessados no domínio dos mares instituíram quantias fabulosas como prêmio a quem propusesse um método eficaz no cálculo da posição de um navio no mar. Os prejuízos das nações eram enormes. Navios e suas cargas valiosas se perdiam no mar, porque nenhum comandante sabia determinar com erro aceitável a posição do seu navio. Eis como foi uma dessas tragédias.

Voltando vitoriosa para casa depois de enfrentar as forças francesas no Mediterrâneo, a esquadra do almirante inglês Clowdisley Shovel (1650-1707) foi envolvida por um denso nevoeiro. Temendo que os navios se chocassem com as pedras do litoral, o Oficial-General reuniu todos os seus navegadores para que pensassem em conjunto sobre a dificuldade.

Figura 7.8 – Almirante Clowdisley Shovel

A opinião de consenso geral supunha os navios em segurança a oeste da Ilha d' Quessant, um posto avançado da península da Bretanha. Entretanto, ao continuarem a navegar em direção ao norte, quando se encontravam próximos às Ilhas Scilly, descobriram que haviam calculado mal a longitude. Essas pequenas ilhas, a aproximadamente 20 milhas da ponta sudoeste da Inglaterra, apontam para Land's End uma trilha de pedras. E naquela noite nevoenta de 22 de outubro de 1707, as Ilhas Scilly transformaram-se em sepulturas para dois mil homens das naus de Sir Clowdisley.

O almirante certamente teve tempo para refletir nas 24 horas que antecederam à tragédia. No decorrer dos fatos, esse oficial foi abordado por um marinheiro da tripulação do navio *Association* que afirmara ter feito a sua própria navegação durante o nevoeiro. Esse tipo de iniciativa subversiva por parte de um marujo era proibida na Marinha de Sua Majestade Britânica, como bem sabia o zeloso subalterno. Mas, o perigo parecia tão grande, pelos seus cálculos, que pôs o pescoço em risco na esperança de ser ouvido pelo superior. O almirante Shovell mandou enforcá-lo ali mesmo no mastro da mezena[13] por tentativa de motim.

Nessa catástrofe marítima apenas dois homens foram dar à praia com vida. Um deles, o próprio Sir Clowdisley. É sempre assim, os superiores se salvam. Mas, nesse caso, a história não termina aí.

Logo que o almirante desmaiou sobre a areia seca, uma mulher mal vestida, mas atraente se aproximou e caiu de amores. Não pelo náufrago, mas pelo anel de esmeralda que ele trazia no dedo. A mulher olhou para um lado e para o outro e franziu o cenho, enquanto raciocinava. O que devo fazer? Perguntou-se. Soprava uma brisa acariciante e o náufrago ostentava um rosto nobre e belo. A estranha sondou novamente as vizinhanças da praia e tomou uma decisão: matou o homem e apanhou o anel.

Passadas três décadas, moribunda, essa mulher confessou o seu crime ao padre que a assistia no seu leito de morte e como prova de seu pecado mostrou-lhe o anel. Ela chamava-se Esmeralda.

***

Ligados à busca de um método para o cálculo da longitude estão os nomes de famosos astrônomos, cartógrafos e matemáticos. Na ocasião, nenhum outro fato chamou tanto a atenção de sábios, reis, inventores e do homem comum. A conquista da Lua não despertou tanto interesse! Jornalistas e críticos da época se referiam ao assunto como a PROCURA DO IMPOSSÍVEL. "Só mesmo Deus poderia conhecer a longitude!", diziam os mais céticos.

Com o interesse de descobrir novas terras, os reis de Espanha

---

[13] Mastro de ré nas embarcações à vela de mais de três mastros.

e França interessaram-se pelo cálculo da longitude no mar, mas a solução só surgiu depois de dois séculos e meio! A principal, senão a única razão dessa longa demora foi que os pesquisadores procuravam dotar os navios de verdadeiros observatórios astronômicos, transformando os marinheiros em cientistas, quando a solução seria criar um relógio que enfrentasse as mudanças de temperaturas e balanços do navio. Essa situação foi resumida nas palavras de Isaac Newton ao escrever ao Parlamento:

"Para se calcular a longitude no mar - disse o cientista – existem vários processos, porém, nenhum deles é praticável".

A Inglaterra fez sua entrada oficial na corrida da longitude, quando o Rei Charles II ordenou a construção do Observatório Real para o avanço da Navegação e Astronomia Náutica.

Com a inauguração do observatório surgiram as propostas, algumas mirabolantes, de solução para o problema. Um alemão propunha: um copo d' água cheio até a borda que transbordaria nos instantes precisos da lua cheia ou nova, em razão do efeito de maré. O navegante compararia a hora local do copo transbordando, com a do meridiano de Greenwich, dada no almanaque náutico. Outro método, do mesmo alemão, apelava para a magia, não negra, certamente, mas, no mínimo sobrenatural. Eis o que ele sugeria: todo navio ao sair de viagem levaria um cão ferido. Um observador, em terra, a cada hora, pontualmente, mergulharia numa poção mágica as bandagens dos ferimentos desse cachorro. A bordo o animal ladraria fornecendo a hora exata de terra.

A Igreja Católica, é claro, não poderia ficar omissa. Nunca se omite em problemas dessa natureza, principalmente esse, envolvendo os interesses econômicos de nações subjugadas ao Clero. O padre William Whiston (1667-1752) e o matemático Humphrey Ditton (1675-1715) sugeriam a colocação a intervalos iguais de distância, navios-faróis[14] ao longo das rotas marítimas, os quais a intervalos de tempo definidos disparariam foguetes que explodiriam a 6 440 pés (1 963 m) de altura. A bordo, o navegante poderia calcular sua distância ao navio-farol mais próximo, comparando a velocidade do som com a da luz emitida pela explosão. Esse sistema, insistiam os proponentes, é muito conveniente, principalmente, no mar do Atlântico Norte, onde a profundidade máxima não alcança 500 metros, permitindo aos navios-faróis permanecerem fundeados em seus postos.

Todos esses métodos, é claro, não resistiram a uma análise, mesmo que superficial. Imagine-se a aplicação do método do cão ferido! Ridícula! A dos navios fundeados em pontos equidistantes, além de difícil operacionalidade, o seu custo e manutenção estariam fora de cogitação!

Em 1714, o Parlamento inglês criou a *Comissão da Longitude*, encarregada do julgamento dos trabalhos, e autorizada a premiar com até £ 20 000 libras (cerca de 30 milhões de reais nos dias atuais) o método capaz de calcular a longitude com erro inferior a 30 milhas marítimas ou 2 minutos de tempo. A longitude pode também ser expressa em horas, minutos e segundos.

O prêmio permaneceu intocável por 50 anos. A verdade é que o povo e mesmo os membros da Comissão não sabiam exatamente o que se procurava, exceto que o problema paralisara as mentes de Newton, Halley (o do cometa), Huygens, Leibniz e a de outros mais!

---

[14] Navios com sinais luminosos, fundeados, isto é, com suas âncoras presas no fundo do mar.

A solução veio por um caminho que poucos poderiam imaginar! O carpinteiro inglês John Harrison (1693-1776), detalhe interessante, morreu na mesma data do nascimento, 24 de março, durante anos, trabalhou na construção de um relógio que seria o primeiro cronômetro marítimo. Submeteu-o à *Comissão da Longitude* que o testou numa viagem de ida e volta à Jamaica. Nesse teste o relógio acusou um erro de pouco mais de 1 milha, fazendo jus, portanto, ao prêmio, pago, após 8 anos de muito sacrifício e reinvindicações do interessado e, mesmo assim, com o empenho do Rei George III.

Figura 7.9 – Jonhn Harison o criador do cronômetro

A criação de um relógio adequado às condições marítimas, possibilitando o cálculo da longitude no mar deu uma nova coordenada à geometria oceânica, o tempo. Tornando-a tridimensional.

A liberdade que têm hoje os navios de cruzarem com segurança a superfície dos oceanos só foi possível com a introdução de um registrador preciso do tempo, idealizado por um simples e habilidoso carpinteiro.

Antes os cronômetros não tinham um comportamento regular, adiantavam ora atrasavam. A bordo o Oficial Navegador ficava encarregado de registrar diariamente no "diário do cronômetro" o seu *estado* (soma dos erros diários) e a sua marcha (o quanto o cronômetro adiantava ou atrasava por dia em relação a hora de Greenwich). Atualmente os cronômetros são cadenciados pelas frequências naturais de um átomo, por exemplo, do césio-133. A precisão desses cronômetros é impressionante, pode atrasar ou adiantar cerca de um segundo por século.

No passado os cronômetros, sempre dois, ficavam alojados em caixa com tampa de vidro e suspensão cardã para compensar os balanços do navio. As caixas por sua vez ficavam dentro de um compartimento de teto transparente e solidário à mesa de navegação com esta fazendo parte dos móveis e apetrechos do camarim de navegação.

Atualmente as embarcações mantêm seus cronômetros dependurados nas anteparas do passadiço sem qualquer cuidado maior.

Não obstante aos cuidados dados ou negligenciados aos cronômetros atômicos atuais, o que conta e a sua fundamental importância na segurança das viagens transoceânicas sejam elas feitas por navios ou aeronaves.

VIII – A Briga

O Cálculo

Na natureza nada deixa de mudar. A pedra mais dura do deserto sofre alterações: dilatando-se ou contraindo-se, dependendo da hora do dia. As nuvens mudam de posição, denunciando o movimento dos ventos. A Terra gira em seu eixo e o Sol roda em torno do centro da Via Láctea. Nada está parado. Para todo tipo de mudanças ou movimentos observáveis, os cientistas têm um instrumento matemático: o Cálculo. Aplicando os preceitos do Cálculo, os físicos-matemáticos buscam prever e acompanhar os fenômenos da natureza, para isso lançam mão dos modelos matemáticos que procuram simular o que acontece a nossa volta.

Mas, o que é o Cálculo? É um tipo de análise matemática que busca entender e quantificar as grandezas em movimento. Os movimentos e as mudanças, em geral, se processam por quantidades infinitesimais. Essas quantidades infinitesimais são acréscimos ou decréscimos que, na linguagem do Cálculo, são as diferenciais de uma grandeza. Esses infinitésimos são usados em si mesmos ou somados para reconstituírem uma forma geométrica, uma curva, ou uma área, por exemplo. No primeiro caso, tem-se o Cálculo Diferencial e no segundo o Cálculo Integral. De uma forma ou de outra, quando empregado, o Cálculo é um método matemático de se fazer a análise de uma grandeza variável. No futebol, a bola ao ser chutada por um jogador fazendo um lançamento para um companheiro de equipe descreve uma trajetória que pode ser analisada com os recursos do Cálculo, incluindo a resistência oferecida pelo ar durante o seu movimento pelo espaço.

Essa notável disciplina matemática faz parte de qualquer pauta universitária, com exceção, talvez, dos currículos da área das ciências humanas. Quando surgiu a milagrosa ferramenta, os europeus do Continente acreditaram ser o seu descobridor o filósofo alemão Gottfried Wilhelm Leibniz (1646-1716). Com o tempo, contudo, surgiram dúvidas em relação a esse direito do alemão, pois o cientista inglês Isaac Newton (1642-1727), anos antes, havia criado um método idêntico.

Esta incerteza quanto ao criador do Cálculo provocou uma das mais calorosas e pouco elegantes brigas de que se tem notícia na História da Matemática. Na verdade, a sua origem deve-se mais aos partidários de ambas as partes do que pelo interesse dos dois matemáticos envolvidos. Do lado de Leibniz alinharam-se Johann e Jakob, dois matemáticos inflamáveis e voluntariosos da família Bernoulli, famosa por ter entre seus membros vários matemáticos de renome. Já defendendo Newton estavam uns poucos amigos, contudo mais moderados do que os irritadiços irmãos Bernoulli.

As provocações muitas vezes grosseiras e aviltantes tinham espaços em jornais e revistas especializadas, em encontros científicos e rodas sociais. O despropósito dessa disputa provocou em Newton um colapso nervoso do qual só se refez um ano e meio depois, quando passou a se interessar exclusivamente pela Alquimia e a Teologia.

Figura 8.1 – Gottfried Liebniz & Sir Isaac Newton

A briga não teria acontecido se Newton fosse mais receptivo à publicação de seus trabalhos. Ele criou o seu cálculo em 1671, vindo a editá-lo dezenas de anos mais tarde, mesmo assim, por insistência dos amigos, ao passo que Leibniz publicou logo o seu trabalho, e por quinze anos desfrutou a honra, sem ameaças, de ser o inventor do Cálculo Diferencial & Integral.

A briga entre Leibniz e Newton constituiu algo especial mesmo no litigioso século XVII. Foi um duelo de titãs. Os dois eram gênios acima do normal da genialidade. Newton fez descobertas notáveis em ótica, matemática, e astronomia.

Quatro anos mais moço, Leibniz era menos conhecido do que Newton. Porém, em seus interesses, era mais abrangente e mais profundo do que o seu rival. Para o famoso biólogo inglês Thomas Henry Huxley[15] (1825-1895) Leibniz iguala-se a Aristóteles. Seus estudos incluíam economia, teologia, linguística, filosofia, geologia, mecânica celeste, política, direito e biologia. De certa maneira Leibniz foi o pai da geologia, pois se deve a ele uma das primeiras descrições físicas da Terra. Frederico II, o Grande, da

[15] Huxley é conhecido como o "bulldog" de Charles Darwin (1809-1882) por sua empenhada defesa da Teoria da Evolução deste notável naturalista inglês.

Prússia (que voltaremos a encontrar) certa feita declarou:

Leibniz, por si só, é uma grande academia.

Um dos seus biógrafos descreveu-o como uma pessoa que chamava a atenção: alto, magro e desajeitado, com dedos e membros longos, ostentando uma enorme peruca e roupas ricas, embora nem sempre de bom gosto. Era envolvente em suas argumentações e de olhos escuros e penetrantes tinha um modo estranho de fixar as pessoas. Se fosse um nobre, Leibniz teria sido um embaixador de muito sucesso. Certa ocasião tentou uma entrevista com Luís XIV para sugerir ao monarca uma estratégia de conquista do Egito. Nunca pôde apresentar tal sugestão ao Rei Sol[16]. Como estrategista militar Leibniz estava um século à frente de seu tempo, tanto que a França mais tarde invadiu o Egito sob o comando de Napoleão que sabia, como Leibniz, da importância da conquista. Quando esse imperador ocupou Hanover na Alemanha, em 1803, ficou injuriado ao tomar conhecimento de que, em relação à importância político-econômica da conquista do Egito, o filósofo alemão o havia antecipado por mais de um século.

Se Leibniz não houvesse morrido em 1716, a disputa teria continuado por mais 100 anos. A *briga do cálculo*, como era chamada, prosseguiu, pois Newton continuou a publicar matérias em sua defesa mesmo depois da morte de Leibniz.

Quem estava certo? Newton tinha razão ao garantir ter sido o primeiro a descortinar o Cálculo, o que seguramente, é verdade.

---

[16] Luís XIV recebeu essa denominação por ter escolhido como seu emblema o Sol, astro responsável pela vida. Deve-se também a esse monarca o uso de perucas. Estava ficando careca mandou que lhe fizessem uma, daí o uso generalizou-se entre os nobres. Uma peruca custava na época uma pequena fortuna. Deve-se a esse monarca a significativa frase: "L'État c'est moi", ou seja, "O Estado sou eu".

Quando veio a morrer, era reconhecido, não só na Inglaterra, mas em toda a Europa como o criador do Cálculo segundado por Leibniz.

Newton descobriu o Cálculo durante os seus anos mais criativos, 1665 e 1666, quando aluno de Cambridge. Ele tivera a intenção de publicar a sua descoberta junto com o seu trabalho sobre Ótica, mas quando divulgou a sua teoria sobre as cores, em 1672, recebeu tantas críticas de seus pares que jurou nada mais publicar. Já era velho quando editou os seus apontamentos sobre o Cálculo, embora tivesse por hábito enviar cartas aos amigos expondo-lhes as suas descobertas. Foi dessa prática que surgiram as suspeitas de que Leibniz, lendo as cartas em uma de suas viagens pela França, tomara conhecimento da descoberta do cientista britânico, originando a suspeita do plágio.

Depois de 1704 os embates da guerra do Cálculo passaram a acontecer publicamente, embora as suas causas tenham ocorrido gradualmente durante os 25 anos anteriores. Na época em que apareceram, o Ocidente passava por um período muito interessante da sua história. Foi um tempo não somente de pessoas em conflito, mas também de ideias em disputa. O Czar Pedro da Rússia viajou até a Inglaterra para ver as novidades: as construções de navios, o Observatório de Greenwich[17], a Casa da Moeda e encontrar-se com Isaac Newton.

[17] O Antigo Observatório de Greenwich. Durante a última Guerra Mundial o observatório mudou de lugar, mas conservou o nome.

Figura 8.2 - Observatório de Greenwich

O continente europeu da segunda metade do século XVII era uma sociedade em que fatos estabelecidos motivavam debates. Discutiam-se os dogmas. Crenças aceitas durante séculos foram de repente derrubadas pela possibilidade de medições e pelas experiências controladas da revolução científica. Em outra parte desse livro será mostrada a preocupação dos cientistas em aceitar as novas geometrias não euclidianas que puseram fim ao caráter dogmático da geometria de Euclides. Até mesmo o Clero sentiu-se abalado com a deposição da geometria de Euclides do seu estato de interpretação única do espaço tridimensional criado por Deus.

Segundo depoimentos, Newton tinha, como Leibniz, o olhar penetrante, mas para outros havia algo doentio em seu olhar e modos de ser. Essa discordância pode estar ligada aos expectadores, ou talvez surgisse como reflexo dos sentimentos do próprio Newton. Esse notável cientista podia alcançar uma intensidade de concentração mental dificilmente vista em outro ser humano. Muitas vezes esquecia-se do prato de comida e passava um ou dois dias sem se alimentar. Consta que quem se aproveitava desse seu esquecimento era o gordo gato de estimação.

Leibniz estudou direito e ganhava a vida prestando serviços legais e diplomáticos e por isso viajou muito pela Europa. Numa dessas suas viagens, alguém pode ter-lhe passado alguma informação com respeito à descoberta de Newton, em forma de algum esboço do trabalho ou mesmo só por palavras. Naquela época, entretanto, era comum, o cientista proteger o seu trabalho apresentando-o aos conhecidos na forma de um anagrama. De sorte que, se Leibniz viu algum trabalho de Newton esse estaria disfarçado por uma espécie de código. Porém, não se deve esquecer que Leibniz tinha uma mente brilhante, bastando um pequeno indício que fosse para permitir-lhe reproduzir toda a teoria escondida em um criptograma.

Em oposição a essa hipótese de Leibniz tomar conhecimento da criação de Newton e partir para o plágio, deve-se lembrar de que nem ele e nem Newton criaram o *cálculo* a partir do nada. Os fundamentos básicos do método já existiam, idealizados por vários pesquisadores. René Descartes já havia criado a sua geometria, possibilitando o tratamento algébrico dos entes geométricos. Sob o apoio da geometria analítica de Descartes, o traçado de uma tangente a uma curva, um problema crucial na época, pode ter fornecido a Leibniz o *insight* necessário para o desenvolvimento do *Cálculo*.

Uma curva pode ser pensada como a trajetória descrita por um ponto em movimento. Na época, a noção de movimento tinha um papel importante na filosofia. Este conceito envolvia não apenas a velocidade instantânea, uma ideia básica do cálculo, mas também a força que estava por trás do movimento.

Outro problema de grande interesse era o da medida e o do comprimento de curvas. O da medida estava ligado ao cálculo da área e volume de certos sólidos. A questão de estabelecer o volume de tonéis de vinho, por exemplo, sempre foi uma tarefa importante e, até então, não resolvida satisfatoriamente. Johannes Kepler (1571-1630)[18] foi motivado a calcular as áreas e volumes de formas geométricas porque o ano de 1712 foi um ano de ouro para a produção de vinho e na época não havia bons métodos para se determinar o volume dos tonéis. Neste caso, já havia um trabalho inicial, o *método de exaustão*, em que a área de uma região limitada por uma curva fechada é obtida inscrevendo-se polígonos de um número crescente de lados. De forma semelhante, o volume de um cone é a soma dos volumes de cilindros de alturas de milionésimos de milímetros e raios variando do maior cilindro, na base, até o último no vértice do cone com o raio praticamente nulo.

Os não iniciados acham tudo isto esotérico e aplaudiriam Voltaire que com a sua língua ferina disse sobre o Cálculo:

Cálculo é a arte de enumerar e medir exatamente uma coisa cuja existência não pode ser concebida.[19]

Não obstante as palavras de Voltaire, o nível de conhecimento matemático na época permite concluir que não seria surpresa o fato de Newton e Leibniz terem desenvolvido independentemente o Cálculo.

---

[18] Astrônomo alemão. Deve-se a ele as três leis do movimento planetário: **1** – Os planetas movem-se em torno do Sol em trajetórias elípticas com o Sol em um dos focos; **2** – O raio vetor que liga o planeta ao Sol varre áreas iguais em intervalos de tempo iguais; **3** – O quadrado do tempo para o planeta completar a sua revolução orbital é diretamente proporcional ao cubo do semieixo maior da órbita.

[19] De acordo com o cálculo, o comprimento de uma curva é a soma dos infinitos segmentos de comprimento infinitamente próximo de zero que formam a curva. Voltaire tinha lá suas razões!

Um aspecto fascinante dessa descoberta simultânea dos dois gênios é que chegaram a ela por caminhos opostos.

Leibniz buscava o conhecimento integral das coisas, combatendo a especialização. Para isto ele tinha trabalhado na criação de uma linguagem científica universal: uma espécie de "cálculo de raciocínio" que o pudesse facilitar na pesquisa sobre a variação, em particular, sobre o movimento. Dito com outras palavras: Leibniz ansiava por desenvolver um método lógico geral, um cálculo, algo que talvez pudesse, inclusive, ser empregado para desvendar os segredos do comportamento humano.

Newton, por outro lado, considerava o cálculo não mais do que uma ferramenta para as suas pesquisas em Física. Criou, portanto, o Cálculo porque precisava dele, e, uma vez criado, usou-o sem reservas na sua famosa obra os *Principia*.

Em 1666, ele escreveu o primeiro esboço do cálculo que denominou o "método dos fluxos". Mostrou o que tinha feito a alguns colegas que o aconselharam a publicar. Porém, Newton tinha um medo doentio das críticas desfavoráveis: recusou publicar.

O cientista, contrariando o senso comum, achava que a precedência de criação de algo decorre do fato natural de ter sido o descobridor, o agente criador e não o primeiro a publicar. Assim, quando Leibniz publicou o artigo sobre o Cálculo, Newton sentiu-se ultrajado. Essa sua posição foi o estopim para o conflito e mágoa entre eles.

O trabalho de Leibniz foi documentado em uma edição do periódico *Acta Eruditorum* e nele não aparece o nome de Newton. Embora Leibniz não conhecesse pessoalmente o cientista britânico tinha, entretanto, conhecimento de suas pesquisas no assunto. O fato de Leibniz não ter citado o seu colega inglês, justifica-se, em parte, porque Newton, no Continente,[20] era um desconhecido. Na época, os meios de comunicação não se equiparavam nem de longe aos de hoje. Atualmente, se o papa Francisco espirra, celebrando a missa campal na praça de São Pedro, em Roma, logo em seguida, o Mundo todo toma conhecimento.

Quando escreveu o seu trabalho sobre o Cálculo, Leibniz deve ter pensado: de que adianta citar o Sr. Newton se ninguém o conhece?!

Esse anonimato de Newton deve-se muito ao seu estilo de vida solitária. Em 1669, foi nomeado professor Lucasiano[21] de Matemática na universidade de Cambridge com a idade de 23 anos, graças, em parte, às suas criações científicas, embora, não publicadas. Esse cargo deu-lhe mais incentivo para manter-se afastado do convívio com as pessoas. Quando soube que alguém se fazia passar pelo único descobridor do cálculo, a notícia deve ter-lhe partido o coração. Sendo um gênio fora da medida, nem por isso as suas conquistas eram fáceis: vinham depois de uma labuta ininterrupta e infatigável. Não era sem motivo que dizia,

"Mantenho o assunto de pesquisa constantemente diante de mim".

---

[20] A Inglaterra situa-se na ilha da Grã-Bretanha, enquanto França , Alemanha, Itália etc. estão no Continente.

[21] Em Cambridge as cátedras têm nome. Professor lucasiano é o nome que se dá a uma cadeira de matemática naquela universidade. Atualmente, o posto é ocupado por Michael Cates. A cátedra foi criada por Henry Lucas um parlamentar pela universidade de Cambridge, em 1663, e, oficialmente, estabelecida por Carlos II, cujo pai Carlos I morreu decapitado por ocasião da queda temporária da monarquia por questões religiosas. Um dos requisitos para ocupar essa cátedra e não ter atividades na Igreja.

John Collins, um empresário da Matemática, mostrou a Leibniz, quando este esteve em Londres, uma cópia do "*De analysi per aequationes numero terminorum infinitas*". (Da análise por processos infinitos). Nesse trabalho Newton fala em séries como método de obtenção de quadraturas e, é claro, dá alguma indicação do seu método de cálculo dos fluxos.

Quando Collins recebeu de Issac Barrow (1630-1677), antecessor de Newton na cátedra de matemática em Cambridge, a cópia do *De analysi,* provavelmente instigou Newton, um brilhante aluno de Barrow, a publicar o trabalho, mas, como sempre, este se recusou.

Issac Barrow foi o primeiro a ocupar a cadeira Lucasiana. Renunciou a essa posição em favor de Newton. Sobre o caso existem várias histórias. Uma versão diz que Barrow havia encontrado um gênio para substituí-lo. Outra afirma que ele estava de olho em uma posição mais elevada. De fato, em 1669 foi nomeado capelão de Carlos II, entretanto, não havia nenhuma norma que o impedisse de ocupar os dois lugares. A terceira explicação apoia-se na condição de ser a Teologia a verdadeira vocação de Barrow e não a Matemática e, por isso, deixou a importante cátedra para o discípulo Issac Newton cujo talento extraordinário foi ele, Isaac Barrow, um dos primeiros a reconhecer. Newton assumiu a cadeira com 23 anos com um salário de fazer inveja a muitos docentes de Cambridge. Um detalhe a apontar nessa história toda é que o trabalho mais importante de Barrow é *Lectiones opticae e geometricae.* No prefácio do livro o autor agradece a Newton por parte do material do texto, provavelmente a que trata da Ótica. É nesse livro que se encontra um estudo de Barrow muito próximo dos princípios de diferenciação de uma função, mediante o denominado *triângulo de Barrow* que ainda hoje aparece nos textos de Cálculo Diferencial.

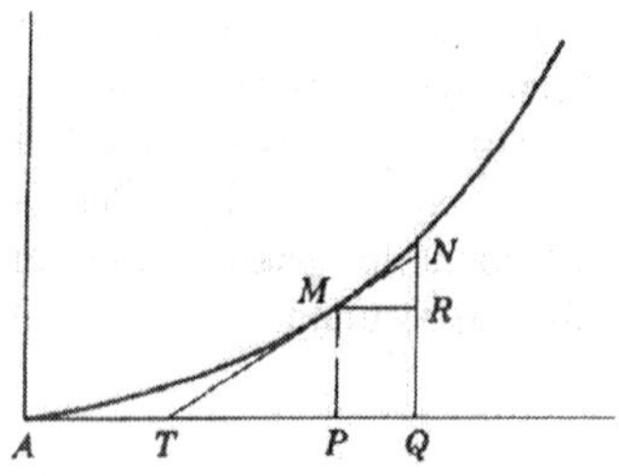

Figura 8.3 -TM é a tangente à curva AM e MNR o triângulo diferencial ou de Barrow

Quando Newton, por várias vezes se recusou a publicar as suas descobertas, sabia que estaria correndo um risco, pois tinha noção da importância do seu trabalho e que qualquer pessoa sem escrúpulos poderia dizer-se o seu autor, lesando o verdadeiro descobridor, mas, certamente, o que o magoou profundamente foi que o usurpador era Leibniz, a pessoa que o havia procurado pedindo ajuda. Das suas cartas, as duas a Leibniz, enviadas em 1676, comprovam isto. Newton usou-as mais tarde para afirmar o plágio do alemão, contudo pessoas gabaritadas que examinaram as cartas afirmam que nelas não há nada que incrimine a Leibniz. O que pode ter agido no caso foi a genialidade de Leibniz que, como já se falou, seria capaz de ler nas entrelinhas. Seja como for, foi isso, certamente, o que levou o físico inglês a afirmar o plágio do alemão, porque a sua vaidade não pôde conceber que alguém, além de si, pudesse chegar aos mesmos resultados.

O primeiro artigo publicado por Newton sobre o assunto só apareceu em 1704, vinte anos depois do de Leibniz, mesmo assim, como um apêndice a sua obra Óptica. Essa displicência do matemático inglês permitiu que Leibniz desfrutasse por 15 longos anos a primazia de ser o único criador do Cálculo Diferencial e Integral[22].

[22] Na verdade Leibniz apresentou a sua criação em duas etapas. O cálculo diferencial apareceu primeiro e o cálculo integral dois anos depois.

John Keill (1671-1721) um matemático competente e partidário de Newton na briga publicou no *Philosophical Transactions* um artigo sobre física sem muita expressão, porém, inexplicavelmente, trazia uma acusação: "*o Cálculo de Leibniz é o mesmo do de Newton e fora de qualquer dúvida o cientista inglês é o primeiro inventor do método*".

Nessa disputa em que pese à vaidade dos contendores havia os partidários dos dois lados. No Continente, ao lado do alemão Leibniz, alinhavam-se, como já foi falado, os irmãos Bernoulli que, em pouco tempo, passaram a dominar a recém-inventada parte da Matemática.

Johann Bernoulli, um dos irmãos, tinha uma característica: não combatia os adversários de Leibniz na linha de frente; estava sempre por trás do painel das provocações. Agia sempre como a eminência parda. Seu lema era: "*Vamos lutar, você e ele*".

Do lado de Newton estavam alguns amigos e cientistas de renome. Desses, já falamos de John Keill, o matemático agressivo que fora chamado por Johann Bernoulli de "macaco de Newton", enquanto Leibniz não perdia a oportunidade de se referir ao pessoal do lado inglês de "meninos perdidos" de Newton. Os ingleses, aristocráticos por nascimento, eram mais sutis em suas provocações. Haja vista as palavras a que já nos referimos do sr. John Keill. Ele não disse que o sr. Leibniz plagiou , apenas declarou no seu artigo do *Philosophical Transactions* que Newton havia saído na frente e, portanto, era o vencedor. Com isso e mais as duas cartas escritas por Newton, nas quais respondera, ou melhor, explicara a Leibniz a sua descoberta, embora em linguagem cifrada, eram tudo que precisava o filósofo de Hanover para descobrir o

Cálculo. O leitor há de convir que essa argumentação se encaixe muito bem nas conclusões, se não escritas, pelo menos imaginadas inteligentemente pelo Sr. John Keill.

A rivalidade se manifestava também através de problemas-desafios, propostos pelas partes, cujas soluções envolveriam o Cálculo então em moda na Matemática. Em 1696 Johann Bernoulli propôs um desses, por sinal, difícil problema.[23] Leibniz deu a resposta no mesmo dia em que o recebera, enquanto Newton, sem se identificar, apresentou a sua solução numa revista de matemática. Porém, o desafiante Johann Bernoulli reconheceu logo o autor, pronunciando a frase que se tornou famosa:

"ex ungue leonem"[24]

Figura 8.4 - Johann Bernoulli tomou partido de Leibniz, porém, jamais se ariscou ao combate de arena. Agia sempre nos bastidores.

[23] O famoso problema da "Braquistócrona": encontrar a equação da curva pela qual um corpo em queda livre cai no menor tempo (aproximadamente o formato da pista de uma montanha russa de descida rápida). Galileu havia pensado que a curva procurada seria um arco de círculo, na verdade, mais rápida do que um trecho de reta. A curva chamada em grego braquistócrona é a cicloide descrita por um ponto numa circunferência quando esta gira sobre uma reta sem deslizar. Um ponto sobre o aro de uma roda de bicicleta em movimento descreve uma cicloide.

[24] Pela patada (conhece-se) o leão.

O último, e o mais desastrado e vergonhoso, desafio foi proposto por John Keill, que pedia para ser achada a trajetória de um projétil num meio de resistência proporcional ao quadrado da sua velocidade. Sem primeiro estar certo de que ele próprio poderia resolver a questão, Keill provocou insistentemente Johann Bernoulli, com meios muitas vezes deselegantes, a resolver o problema. O desafiado, por fim, aceitou a provocação, resolvendo a questão em pouco tempo, não só para o que pedia o enunciado, mas de forma generalizada, isto é, para um meio de resistência proporcional a qualquer outra potência da velocidade do projétil. Alcançada a solução e por ser um hábil e corajoso jogador, Johann Bernoulli, desconfiando do seu adversário, fez a este a seguinte proposta: enviaria a sua solução a uma pessoa de confiança em Londres desde que ele, Keill, fizesse o mesmo! Keill nunca respondeu a proposta e Johann Bernoulli aproveitou-se disto para injuriar e humilhar publicamente o seu oponente.

***

Leibniz, diante da insinuação de plágio exposta no *Philosophical Transactions* por parte do sr. Keill, fez com que o caso fosse submetido à apreciação da Royal Society.

O relatório expondo o julgamento, um longo e detalhado retrospecto da situação ficou pronto no inusitado curto prazo de 50 dias e, o veredicto, favorável a Newton. Não poderia ser diferente: ele, o interessado, era o presidente da Royal Society e mais: o documento continha informações que só ele, Newton, as conhecia. Seja como for, a sentença da instituição colocou Leibniz numa situação bem constrangedora. Mas este se defendeu oficialmente, alegando que a Royal Society manifestou-se sem ouvir uma das partes.

Posteriormente um novo relato de toda a história, mais uma vez escrito anonimamente por Newton, argumentava que a acusação de que a Royal Society tinha pronunciado o veredicto contra Leibniz, à revelia, era falsa. Nesse documento Newton escreveu: o juízo do Sr. Leibniz está invertido, na verdade é ele que é o culpado em querer que a Royal Society condene o sr. Keill, sem primeiro ouvir os dois lados. E mais, acrescentou o anônimo Newton, o Sr. Leibniz estaria ameaçado de expulsão da Royal Society uma vez que ele, Leibniz, havia, por difamação, infringido uma das normas da entidade!

Na época comentou-se que Newton teria externado o seu júbilo em relação ao relatório nos seguintes termos:

Sinto-me deliciado por ter partido o coração do Sr. Leibniz

***

Com o passar dos anos Newton tornou-se um cientista muito popular, enquanto Leibniz nem tanto. Muito da vida de Leibniz permanece um mistério.

Como Newton nunca se casou. Segundo algum dos seus biógrafos teve uma vida de sofrimento e desapontamentos. Houve uma ocasião em que conheceu uma senhora rica com quem teve um pequeno namoro, mas foi só. Na época, já estava com mais de quarenta anos. Envolveu-se em vários projetos, porém, nenhum deles, por uma razão ou outra, chegou ao fim. Apenas um o da Academia de Ciências de Berlim, concretizou-se, mesmo assim precariamente, tendo ele, Leibniz, como presidente. Por ocasião de sua morte a Academia nada fez para marcar o evento, embora ele tenha sido o seu fundador e primeiro presidente.

Como diretor da Casa da Moeda, posto importante que exerceu com perícia e convicção, Newton saía pelos Pubs para se infiltrar entre os falsários e combatê-los em seu meio. Consta que mandou sem piedade muitos deles para a Torre de Londres, de onde saiam quase sempre para a forca.

Por outro lado, como membro do parlamento inglês, teve uma atuação medíocre. Certa vez, depois de um ou dois anos, sem abrir a boca em plenário, pediu a palavra. Os colegas da casa o aguardaram em intensa expectativa. Newton pela primeira vez iria falar! Nessa tarde do inverno londrino, o frio era um dos mais intensos. Eis o que ele disse:

Alguém, por favor, poderia fechar melhor uma das janelas. Sinto uma corrente de ar incidindo diretamente sobre as minhas costas?!

Ao contrário do seu oponente inglês, Leibniz jamais ocupou uma posição de poder e influência. Não tinha uma saúde perfeita e padecia de intensas dores reumáticas. Certa ocasião confidenciou a um amigo:

"vivo em estado de dispersão com a mente oscilando entre a pesquisa histórica, filosófica e científica."

Sir Isaac Newton tinha também os seus demônios. Não chegou a conhecer o pai que morrera antes dele, Newton, nascer. Do lado materno teve uma mãe pouco amorosa, pois o deixou com 3 anos para se casar com o pastor Barnabas Smith da paróquia vizinha. Newton não se afinava com o padrasto. Talvez isto o tenha desiludido das mulheres e, como consequência, nunca veio a se casar. Como, também, Leibniz morreu solteiro. Sobre Newton ninguém sabe dizer se teve algum caso amoroso, apesar de que, em uma carta de 13 de setembro de 1693 a Samuel Pepys[25] escrevesse:

"Estou extremamente perturbado pela confusão em que estou metido; não tenho nem comido e nem bebido direito nestes últimos 12 meses, e tão pouco estou de posse de minha anterior consistência mental... Percebo agora que devo interromper nossas relações. E não o ver mais, nem ao resto dos meus amigos".

Figura 8.5 - Samuel Pepys & John Locke

Poucos dias depois em carta a John Locke[26] penitenciou-se:

peço-lhe desculpas por ter julgado que você estava tentando enredar-me com as mulheres.

Os dois personagens principais da disputa, Leibniz e Newton, eram veementes religiosos, mas divergiam muito em suas posições em relação à função desempenhada por Deus no universo. Para

[25] Samuel Pepys foi um membro do Parlamento inglês e um importante administrador público. Tornou-se famoso por seu diário em vários volumes.

[26] John Locke foi um filósofo e estadista. Tinha como noção de governo o consentimento dos governados diante da autoridade constituída, e, o respeito ao direito natural do homem, de vida, liberdade e propriedade.

o cientista inglês o cosmo funcionava sob normas estritamente mecânicas e poderia ser pensado como um relógio ao qual a Divindade teria dado corda no Dia da Criação. Há, porém um senão! Se esse relógio fosse um moto-contínuo, Deus não mais seria necessário ao processo. Por isso, Newton acreditava que o Criador estaria sempre vigilante, pronto a intervir no mecanismo para colocar as coisas no lugar.

Leibniz torcia o nariz para essa concepção de Newton. Um universo que necessitasse para funcionar de um relógio, não seria digno da perfeição de Deus. Para Leibniz, Deus havia cuidadosamente escolhido o mais conveniente dos mundos e acrescentava:

Podemos não ter o melhor dos mundos, mas, dos infinitos mundos possíveis, dispomos do melhor!

A propósito dessa ideia de melhor dos mundos, vale ressaltar que a inocência de Leibniz em relação ao plágio jamais foi estabelecida em um julgamento. Com o correr dos anos esse seu direito dissolveu-se na aceitação de que ambos têm o crédito da invenção do cálculo diferencial & integral.

Arrefecida a disputa e abrandados os ânimos, Leibniz declarou a uma pessoa que o procurara para uma entrevista:

Tomando a Matemática desde o início do mundo até ao tempo de Newton, o que ele fez é de longe a melhor metade.

Leibniz morreu no ostracismo. No seu enterro compareceu apenas o seu secretário. Enquanto Newton teve um régio funeral, assistido por várias personalidades do reino. Sobre a cerimônia, Voltaire comentou:

"Eu vi um professor de matemática, só porque era grande em sua vocação ser enterrado como um rei que tivesse feito bem a seus súditos."

Seus restos mortais estão hoje na abadia de Westminster, em Londres.

***

A disputa entre esses dois brilhantes cientistas cobrou um preço alto aos ingleses. O fanatismo das partes, mais do lado inglês, fez com que os matemáticos ingleses voltassem às costas para o Continente, o que retardou em um século o desenvolvimento da matemática britânica.

Ainda hoje, depois de séculos, existem os que consideram Newton o único fundador do Cálculo Diferencial & Integral.

IX – A Terra

Eratóstenes

Estamos no Antigo Egito. Tudo era bem diferente do que é hoje. Os hábitos, o jeito de ser e proceder de cada um causaria espanto nos dias atuais. O Faraó, o Imperador Supremo, ditava as normas e as conveniências para os seus subordinados. Eratóstenes era um deles!

Num certo dia, ele, Eratóstenes, foi chamado à presença do Faraó. O convite nem sempre significava uma cortesia invejável, mas, antes, a certeza de um castigo estarrecedor. Foi sabendo que, no mínimo, a sua capacidade intelectual seria testada.

Eratóstenes ocupava a posição de administrador-chefe da Biblioteca de Alexandria, na época, era um dos mais importantes centros gregos de comércio, cultura e educação e, Ptolomeu III, o Faraó, era um dos responsáveis por isto.

***

Na audiência, Ptolomeu III fez a pergunta que Eratóstenes temia: "Que tempo levaria um navio para dar volta a Terra?". O conhecimento das dimensões do planeta, explicou o Faraó, seria de importância inestimável para o comércio marítimo. Na época, o Egito era uma nação influente, dominando rios e mares sob seu alcance.

"Mesmo conhecendo o tamanho da Terra, os navios não têm como prever a duração de uma viagem. Os ventos não são sempre favoráveis, além do que, existem as calmarias — respondeu Eratóstenes."

"Podemos muito bem obter uma estimativa desse tempo, levando em conta esses fatores negativos".

Eratóstenes já tinha convicção da forma correta da Terra: dias antes, a propósito, tinha exposto aos seus alunos as propriedades da esfera e, na oportunidade, valera-se delas para explicar alguns fenômenos astronômicos associados a sua forma esférica.

Dos presentes ao acontecimento, alguns poucos acreditaram no que foi feito e falado naquela manhã! Tudo começou com a notícia de que Eratóstenes, o diretor da biblioteca de Alexandria, iria medir a Terra. Para a época, final do século III a. C., seria um feito fantástico! Mesmo hoje, medir a Terra, não é uma tarefa fácil de imaginar.

As opiniões a respeito do sucesso do empreendimento anunciado por Eratóstenes eram muitas e variadas! As pessoas cultas, na sua maioria, podiam acreditar que a Terra fosse esférica, mas aceitar que alguma pessoa pudesse medir o seu tamanho, ia uma distância considerável. Alguns outros achavam mesmo impossível de ser obtida, sem falar, é claro, dos menos cultos e supersticiosos que acreditavam numa terra plana. De outro modo, seria esperar muito daquela gente ali reunida, já bem cedo, em frente à biblioteca de Alexandria.

Enquanto isto a Terra, indiferente às superstições e crendices dos alexandrinos, viajava no espaço com a vertiginosa velocidade de 29,8 Km por segundo, aproximando-se do Afélio de sua órbita, o ponto mais afastado do Sol, cujos raios desempenhariam naquela manhã o papel principal nos acontecimentos a seguir.

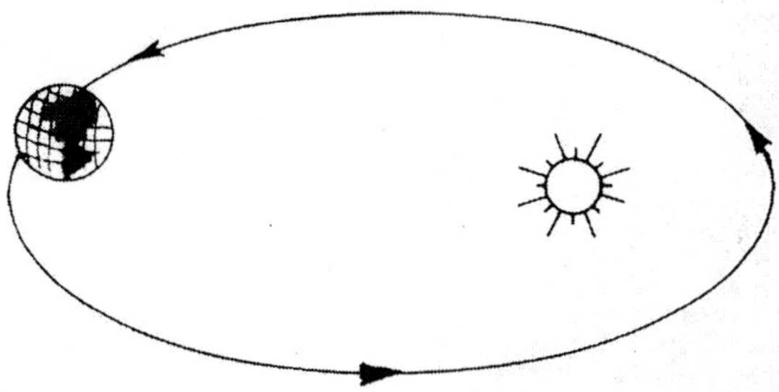

Figura 9.1 – Terra em seu movimento anual em torno do Sol

Eratóstenes tinha certeza da forma esférica da Terra. Por coincidência, dias antes, como já falamos, havia exposto aos seus alunos alguns dos indícios da forma esférica da Terra, como, por exemplo: um navio aproximando-se do litoral, vindo de alto mar, mostra primeiro, ao observador da praia, a extremidade do mastro, depois as partes superiores do convés e por último o casco; um viajante noturno, caminhando na direção norte-sul, passa a notar constelações no céu que não via antes; a linha curva da sombra da Terra, projetada na Lua por ocasião dos eclipses lunares é também evidência da forma esférica da Terra.

Nesse encontro com seus alunos, Eratóstenes falara também sobre as propriedades da esfera, associando-as, sempre que possível, à forma e aos círculos notáveis da Terra. A certa altura da aula, um de seus alunos fez-lhe a pergunta: "qual seria o tempo para um navio circunavegar a Terra?... um geógrafo árabe – continuou o aluno – Abel Hassan, afirmara ser de 500 anos a travessia".

Figura 9.2 - Eratóstenes em conversa com um discípulo

Este disparate, afirmado pelo árabe, parece ter sido o motivo do interesse de Eratóstenes em medir a Terra, embora outros afirmassem que o faraó Ptolomeu III, o indicara para tal tarefa, possibilidade justificada pelo interesse desse monarca nas transações marítimas, além do fato de Alexandria ser, na época, o polo portuário do comércio no Mediterrâneo. Eratóstenes obviamente sabia o motivo do interesse em medir a circunferência da Terra.

Sendo um ou outro o motivo, não importa, a notícia de que a circunferência da Terra iria ser conhecida naquela manhã, despertou um interesse nunca visto. O número de curiosos em volta da biblioteca era grande e continuava a crescer. Disto se aproveitavam os vendedores ambulantes, oferecendo as suas iguarias. Não faltavam também os organizadores de torneios com suas bancadas rapidamente montadas no local e conduzidas por hábeis agenciadores de apostas. Esses postos ofereciam aos clientes todas as facilidades: contavam com um escriba, um representante judicial, responsável pelo registro, na forma da lei, dos bens e valores envolvidos nas apostas. Havia, é claro, os que acreditavam em Eratóstenes, na maioria seus alunos, e os outros do lado oposto, um grupo formado por cidadãos supersticiosos e incultos; todos, porém, convictos de suas crenças e dispostos a arriscarem algumas moedas, enquanto os mais abastados jogavam não só dinheiro como outros bens. O teor das apostas não era fácil de ser definido: era feito, sem muito entendimento pelas partes, mas, em síntese, a questão era dicotômica, ou seja, Eratóstenes mediria ou não mediria a Terra? À exceção das pessoas mais esclarecidas, o resto esperava que Eratóstenes fosse sair, a qualquer momento, da Biblioteca com um padrão de medida, disposto a medir a Terra. Como Eratóstenes iria fazer para conseguir o seu objetivo, estava além da imaginação dessas pessoas.

Eratóstenes marcara com antecedência aquele dia para realizar o projeto, a saber, o solstício de verão[27] para o hemisfério norte. O dia começara claro, com um céu de poucas nuvens e um sol brilhante. Uma brisa, mais forte do que o normal, levantava a areia do solo, trazendo um desconforto para os presentes. Diziam os entendidos em tempo que aquela brisa era prenúncio de chuvas no decorrer do dia. Dependendo da hora que caísse a chuva prejudicaria as intenções de Eratóstenes.

O número de curiosos continuava aumentando e os oportunistas faziam a festa para seus proveitos. Contadores de histórias, mágicos, ilusionistas e outros tipos faziam parte da multidão. Cada um deles apregoando as suas habilidades. Um dos contadores de histórias, ao lado de um encantador de serpentes, fazia sucesso. Uma de suas narrativas falava de uma terra plana, cercada por todos os lados por água e sustentada por tartarugas monstruosas, umas sobre as

[27] Dia em que o Sol atinge, ao meio dia, a maior altura.

outras, formando uma coluna de tamanho infinito. Não faltavam, é claro, os monstros e a ira dos deuses. Tudo isto fazia aumentar o clima de expectativa em torno de Eratóstenes e sua pretensão.

Os que esperavam Eratóstenes munido de um padrão de medida decepcionaram-se.

Por volta da metade da manhã, em meio a um vozerio intenso, sai da porta principal do edifício da biblioteca, o seu diretor, Eratóstenes. Vinha acompanhado de dois alunos e mais três escravos, um dos quais carregando uma esfera armilar e um fio de prumo. Os dois outros carregavam, com dificuldade, um instrumento formado por duas pranchas estreitas de madeira, ligadas em forma de **L**, uma delas da altura de um homem: era um gnômon, instrumento pouco conhecido.

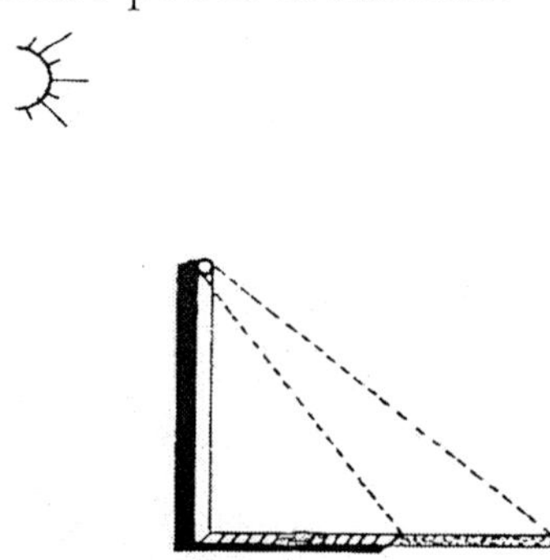

Figura 9.3 - O gnômon

O grupo desceu os cinco lances de escada e alcançou o nível da rua. Eratóstenes mancava; tinha uma das pernas lesionada, à esquerda. Lesão adquirida por sua participação nos jogos olímpicos. O sábio vestia uma túnica bege orlada com debruns de cor púrpura, que realçava as formas rígidas do seu corpo de atleta. Completava a vestimenta um cinto de cabedal escuro e nos pés, sandálias de tiras largas, também, escuras, com uma delas de sola mais alta para compensar o defeito da perna. Cabelos grisalhos e nariz aquilino, indiscutivelmente ao estilo grego. Estatura acima da média e idade mais de 40 anos. Embora do tipo calado, naquela manhã vinha mantendo uma conversa animada sobre astronomia com Píteas, um dos alunos colaboradores. O grupo ia abrindo passagens por entre a multidão, procurando tomar o caminho certo. As pessoas se juntaram, formando uma coluna, com Eratóstenes à frente, liderando o cortejo. Seguiram todos em direção ao porto, conversando entre si e durante o trajeto, o cortejo foi alvo de manifestações de todos os tipos, feitas pelas pessoas que encontravam pelo caminho. Um gaiato, quando viu Eratóstenes no meio daquela gente toda, não se conteve: — Olhem só o que vejo! o Beta! Falou alto, se referindo a Eratóstenes, que não lhe deu confiança. O cortejo continuou, deixando de lado o rapaz com a fisionomia divertida a imaginar do que se tratava aquele movimento de pessoas a passear pela cidade.

Era comum, na época, classificarem os professores da Biblioteca em alfa, beta, gama, etc., segundo avaliações em disputas e torneios da suas capacidades intelectuais: Eratóstenes, apesar de brilhante, era sempre o segundo, daí o seu apelido.

O cortejo já tinha percorrido uma boa distância, quando encontrou um cidadão vindo em sentido contrário e pelos trajes pertencia à realeza. Demonstrando surpresa, o homem parou e fez uma avaliação do que via. Não era comum aquela quantidade de gente em marcha. Não satisfeito, decidiu averiguar o que estava acontecendo. Abordou, justamente, Píteas que ia passando.

— Vocês estão indo para algum julgamento? Era muito comum juntar gente para assistir a um julgamento. Píteas não deu ouvido à pergunta. Seguiu em frente, em conversa animada com dois de seus colegas. Aliás, estava ele justamente expondo aos ouvintes as consequências dos resultados esperados daquele empreendimento.

O desconhecido, com ares de importante, insistiu, com mais objetividade:

— Alguém vai ser julgado? ---

Píteas, importunado pela insistência do desconhecido, respondeu, sem mesmo lhe dirigir o olhar.

De certa forma, sim.

— Qual foi o seu crime? Quis saber mais o homem, pelo jeito, disposto a ir mais a fundo na questão.

Não se trata de um crime... é apenas uma questão de fé — respondeu o aluno mais receptivo, pois viu no estranho algo que lhe chamou a atenção. Talvez a maneira de se vestir.

— Então ele faltou com a fé — ponderou o insistente cidadão.

— Pelo contrário, ele e todos nós que estamos aqui agora, temos muita crença em Euclides... na sua obra "Os Elementos".

Com esta o homem não esperava! Imaginara outra coisa. Desapontado, ficou sem saber o que fazer. Píteas veio em seu auxílio, apontando Eratóstenes que caminhava bem à frente da fila.

— Não o conhece? O nosso mestre Beta, Diretor da biblioteca. Ele vai medir a Terra. e ... — demorou para concluir a frase, demonstrando insegurança — e repetiu — vai também depois, calcular a distância de nós ao Sol.

O sujeito parou e olhou para cima em direção ao Sol, procurando avaliar a distância. A seguir balançou a cabeça demonstrando incredulidade. Píteas advertiu o estranho: cuidado para não ferir os olhos! O Sol, mesmo a distância imensa que está, olhando diretamente para ele, machuca os olhos, podendo provocar até a cegueira intelectual. O cidadão pareceu não entender a ironia. Píteas voltou a acompanhar o cortejo, deixando de lado o insatisfeito cidadão. Passados alguns instantes, este homem virou as costas e com passadas largas seguiu o seu caminho, dando a entender o desejo de se afastar o mais rápido possível daquele grupo, no seu julgamento, um grupo de visionários.

Apesar do defeito físico, Eratóstenes andava rápido e, em pouco tempo, alcançaram os muros da cidade. O sábio aproveitou a parada para examinar o céu, constatando que nuvens do oeste se encaminhavam em direção ao Sol. Ele ficou preocupado, pensando, pela primeira vez, na possibilidade de fracasso. Se ao meio dia, o Sol não estiver disponível no céu, o projeto terá que esperar por outro dia de solstício, que acontece anualmente. Pensou na reação do Faraó. Resolveu pensar o melhor. Tudo vai dar certo! Disse para si mesmo. Chamou um de seus alunos, dando-lhe algumas instruções.

Prosseguiram em direção ao local escolhido para a medição. No caminho, voltou a pensar o pior: o Faraó havia comentado sobre a vultosa quantia despendida na construção do farol de Alexandria e, para completar as suas intenções queria saber da possibilidade de uma viagem em torno da Terra e para isto seria necessário ter uma estimativa realista do tempo de viagem. Estava aí, portanto, a responsabilidade de Eratóstenes em fornecer ao seu soberano essa estimativa. Sentiu um estremecimento ao pensar nessas coisas.

Do lado oeste do céu, as nuvens aumentavam. Faltando pouco tempo para o meio-dia, chegaram ao local escolhido. A brisa havia aumentado, passando a um vento forte, prenunciando chuva. Onde estavam era um platô liso e sem árvores. Assim que chegaram ao lugar, Eratóstenes tratou logo de instalar os instrumentos, mas, antes, avaliou como poderia usar o farol de Alexandria.

Figura 9.4 - Farol de Alexandria uma das sete maravilhas do mundo antigo

O Sol está muito distante de nós. Isto faz com que os seus raios sejam paralelos. Esta condição, mais a proposição dada pelos *Elementos de Euclides*: uma reta cortando duas paralelas formam com elas ângulos alternos iguais;

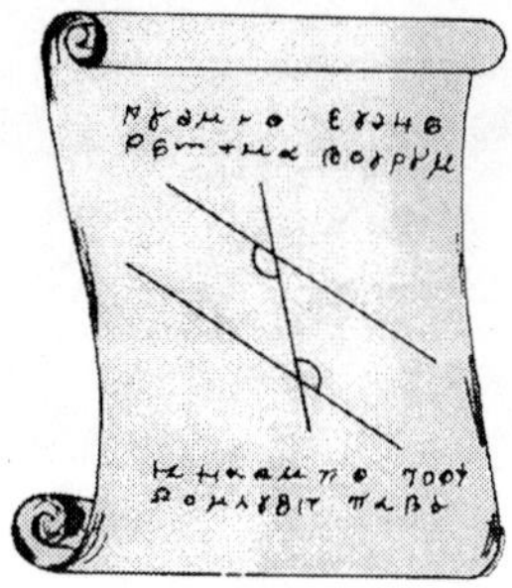

Figura 9.5 – Trecho dos Elementos de Euclides

No topo de uma pequena elevação do terreno, colocaram o relógio de sol. Para a instalação do gnômon, o grupo tomou como base o alinhamento do farol com um templo situado nas proximidades e teve o maior cuidado em fixar o instrumento no chão, contando com a ajuda de esquadro e fio de prumo. Para fixar a direção do meridiano tomou como base a direção do nascer do Sol. Eratóstenes, nesse trabalho de instalação, ía de um lado a outro, certificando-se de que tudo estava nos seus lugares. Um dos alunos o auxiliava nessa verificação, registrando numa placa de argila as observações apontadas pelo mestre. Aflito, Eratóstenes procurava ganhar tempo nos preparativos, correndo contra as nuvens. Consultou o relógio de sol e verificou no seu mostrador que ainda faltava um bom trecho para a sombra do estilete atingir a marca do meio-dia. O Sol continuava brilhando! Até àquela hora, os deuses pareciam estar a favor do empreendimento. Sem a sombra nítida do estilete no mostrador do relógio, não se podia conhecer o instante em que o Sol cruzaria o meridiano, ou seja, o meio-dia.

Figura 9.6 - O relógio de sol

Terminados os preparativos, Eratóstenes, perscrutou o firmamento pela centésima vez: o Sol estava lá, livre de nuvens, brilhando, entretanto, algumas nuvens negras do lado leste, continuavam a ameaçar o sucesso da empreitada.

A um sinal de Eratóstenes, o grupo tomou posição, passando a aguardar o instante, apropriado para a tomada das medidas, a ser enunciado por um deles, o encarregado da hora. Este não tirava os olhos do mostrador do relógio. Nada mais poderia ser feito, a não ser contar com a sorte. O tempo passava, mas a sombra do estilete pouco caminhava em direção ao ponto do meio-dia, assinalado no plano do mostrador. A expectativa crescia tensa, ninguém do grupo falava. Os expectadores, percebendo a situação delicada, fizeram também silêncio. Nisto uma lufada de vento varreu o local, levantando do solo uma poeira de areia. A maioria olhou para o céu e viu quando as nuvens começaram a mover em direção ao Sol. Eratóstenes e os que estavam mais próximos voltaram os olhos para a sombra do estilete: faltava ainda um bom trecho para o ponto das 12 horas. A disputa havia começado, entre a corrida da sombra do estilete e o movimento das nuvens: estas corriam em direção ao Sol, enquanto a sombra do estilete procura alcançar o quanto antes o ponto do meio-dia. Quem chegaria primeiro? Decorridos alguns minutos, Eratóstenes foi até o relógio e viu que faltava pouco. De repente o vento aumentou, empurrando as nuvens mais para perto do Sol. A sombra do estilete também caminhou. O grupo tomou posição, cada um na sua função. Faltando menos do que a largura de um dedo para a sombra do estilete atingir a hora esperada, aconteceu o pior: as nuvens encobriram o Sol, matando a sombra.

Ah, mais que azar! — gritaram muitos — Perdemos o Sol! — disseram outros

Eratóstenes manifestou-se logo:

— Fiquem atentos! Disse ele com voz forte. O Sol vai voltar! Assim que reaparecer a sombra do estilete, tomem a medida, conforme o combinado. Ninguém do grupo entendeu a recomendação; pelo que sabiam, a oportunidade havia passado.

Percebendo a surpresa estampada no rosto de seus ajudantes, Eratóstenes procurou justificar. Vamos medir a altura do Sol, depois do meio-dia! Não é o ideal, mas não temos outra escolha. Antes contávamos com três coisas:

1ª – O Sol próximo do zênite;

2ª – Estamos no solstício de verão. Ao meio-dia de hoje, na cidade de Siene, o Sol é observado, refletido no fundo de um poço, o que lhe garante um afastamento nulo do Zênite[28]. Um estilete

[28] Zênite é o ponto da esfera celeste diretamente acima da cabeça do observador.

posto na vertical naquela cidade não irá projetar sombra. Aqui, local afastado 5 mil estádios de lá, um estilete na vertical vai projetar uma sombra proporcional a este afastamento, e;

3ª – A cidade de Siene e Alexandria estão no mesmo meridiano, isto é, na mesma linha de direção norte-sul.

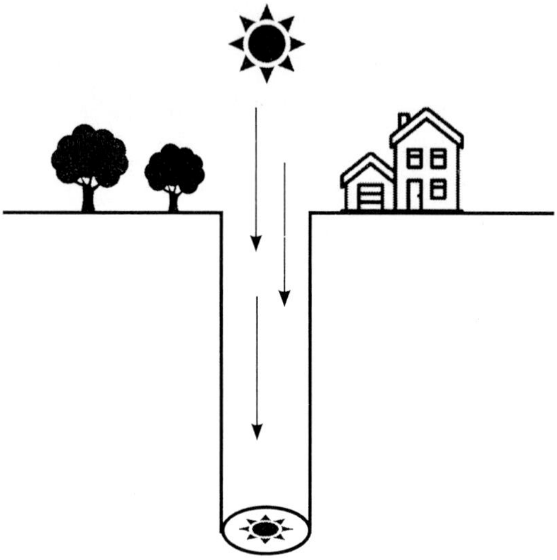

Figura 9.7– Imagem do Sol refletida no fundo do poço

Ao meio-dia, o Sol, representado por um ponto, mais as duas cidades e o centro da Terra estariam todos em um mesmo plano, conforme a figura que vou esboçar. Passando das palavras à ação, Eratóstenes fez no solo a figura.

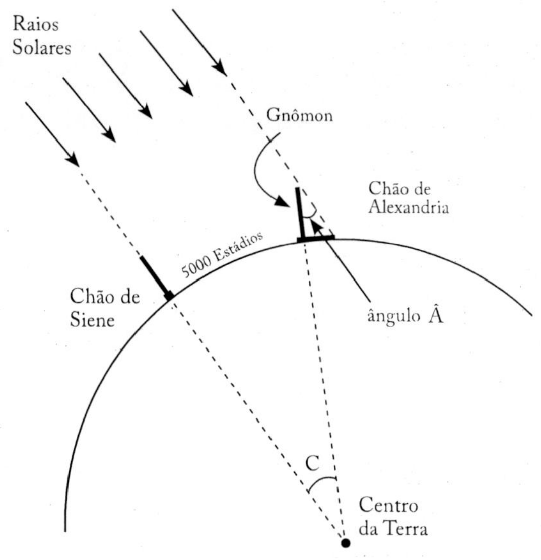

Figura 9.8 – Medida do afastamento do Sol em relação ao zênite

Terminado o desenho, o Mestre explicou: o gnômon, ao meio-dia, mede o ângulo A, equivalente à sombra projetada. Isto tudo acontecendo ao meio-dia — continuou o sábio — porém, já passamos deste instante. Resta-nos agora, a opção de tomarmos a medida do ângulo A, tendo o Sol ultrapassado o meridiano. Contudo, se aplicarmos correções apropriadas, compensaremos esse erro.

Nisto o Sol voltou a brilhar, surgindo nítida, no mostrador, a sombra do estilete. A sombra passava um pouco do marca do meio-dia.

— Meça o ângulo A! Quantas vezes for possível — ordenou convicto o Mestre, ao encarregado do gnômon.

Depois de alguns minutos, três medidas foram feitas e passadas a Eratóstenes. Ao valor médio das três medidas, ele aplicou as correções chamadas extrameridianas, resultando o valor de 7 ½° para o ângulo A. Este ângulo A (veja figura 9.8) é igual ao ângulo central C. Proposição comprovada nos Elementos de Euclides. Assim, 7 ½° correspondem a 5 000 estádios, distância conhecida de Alexandria a Siene. Com isto o bibliotecário-chefe, rabiscou rápido no solo arenoso a regra de três:

7 ½°. ------------------ 5 000 estádios
360° ------------------ ?

Feitos os cálculos, Eratóstenes escreveu, orgulhoso, o resultado:

240 000 estádios![29]

As reações vieram a seguir. Alguns faziam comentários impertinentes. Outros, com ares de entendidos, fingiam aceitar o resultado. Outros trocavam olhares entre si, esperando por mais explicações: não haviam entendido nada, estavam ali para terem com o que se ocuparem. Muitos demonstraram incredulidade; enquanto uns poucos, apáticos, nada diziam, limitavam-se a olhar o que estava escrito. Só mesmo os alunos do Museu da Biblioteca referiam-se com entusiasmo ao raciocínio do Mestre.

Eratóstenes, ainda ficou por algum tempo apreciando o seu feito. Sentia-se feliz com a realização. Pela primeira vez na história, tinha-se a ideia do tamanho da Terra, pensou o cientista, afastando-se do local, enquanto seus ajudantes recolhiam o material. Eratóstenes estava ansioso para chegar à biblioteca e fazer o relatório a ser apresentado ao Faraó. No local ficou um grupo de apostadores, em acirrada discussão pelos seus direitos.

---

[29] Cerca de 45 000 Km, enquanto o valor real é de 40 031Km.

No caminho de volta, Erastóstenes e seus companheiros foram pegos por um forte aguaceiro que caíra repentinamente. A água caía sem economia, em filetes grossos. Correndo do temporal, refugiaram-se na primeira edificação que encontraram. Depois de se acomodarem sob o abrigo, apesar de molhados, procuraram observar o local. No espaço central da casa se depararam com algo que não contavam ver!

Figura 9.9 – Fachada do Templo da Terra

Uma peça plana, enorme, de granito, sustentada por quatro elefantes, os quais, por sua vez, tinham as patas sobre uma tartaruga descomunal. A peça ocupava quase todo o espaço disponível. Eratóstenes conhecia o templo por fora: nunca havia entrado nele antes. Interessados, os recém-chegados se aproximaram da escultura, procurando ver os detalhes. Tratava-se de uma obra impressionante de cor verde-musgo, com relevos e arremates em ouro e pedras preciosas. Os elefantes tinham os olhos vermelhos, brilhantes, provavelmente de rubis. A tartaruga, com seus olhos penetrantes, parecia seguir todos os movimentos do espectador, dando a este a sensação estranha de que estava sendo avaliado. A tartaruga estava suspensa no ar, certamente por um dispositivo que, devido à fraca luminosidade do local, não permitia às pessoas fazerem ideia do que se tratava. Todo o conjunto formava uma verdadeira obra de engenharia e arte, destinada a impor ao crente um sentimento de respeito e veneração. Estavam todos admirados e intrigados com a peça descomunal, que não viram quando surgiu um sacerdote em vestes apropriadas, saudando-os com as palavras:

Bem-vindos ao Templo da Terra!

Surpreendidos em seus pensamentos, Eratóstenes e seus companheiros deram conta de que estavam diante da representação da Terra, suposta plana e finita!

Os elefantes, explicou o sacerdote, representavam os quatro elementos naturais: terra, fogo, água e ar! Quanto à tartaruga em sua grandiosidade e olhos onipresentes simboliza a Divindade!

Eratóstenes e seus companheiros não contavam com a ironia da situação. Haviam acabado de medir uma Terra móvel, esférica, suspensa no espaço e muito distante daquela entronizada pelos que acreditavam na terra plana.

Não tinham motivos para permanecerem mais no local, mesmo porque a chuva forte de verão havia passado.

Despediram-se do solícito sacerdote e puseram-se a caminho da biblioteca.

Sob o ponto de vista etimológico, Eratóstenes foi o primeiro geômetra da História: geometria, com origem no grego, significa medida da terra. A respeito do valor que obteve para a medida da Terra, foi excepcional, considerando que os instrumentos da época eram grosseiros e sobretudo que Alexandria e Siene (atual Assuã) não estão no mesmo meridiano e a distância não é 5 000, mas sim, de 4 530 estádios.

Eratóstenes destacou-se em vários ramos do conhecimento, inclusive atletismo, o que motivou o hábito dos estudantes do Museu da Biblioteca de Alexandria a chamá-lo de Pentatlo, ou seja, campeão em corrida, arremesso de disco, salto, lançamento de dardo e luta corporal: cinco modalidades. Na teoria dos números, tem a seu crédito o chamado "Crivo de Eratóstenes" que consiste num dispositivo de identificação de todos os números primos abaixo de um dado número n.

O apelido Beta sugere algumas especulações a respeito. Há quem acredite que por sua vasta cultura era considerado um segundo Platão, enquanto outros dizem que por ter-se interessado por vários assuntos não pôde ser o melhor em nenhum deles. Contudo, essas ilações perdem a sua força quando se vem, a saber, que um certo astrônomo Apolônio tinha o apelido de Epsilon por ter estudado a Lua, cujo símbolo era esta letra. Certo historiador, James Gow, supõe que os apelidos Beta e Epsilon venham dos números gregos (2 e 5), correspondentes aos gabinetes ou salas da universidade do Museu, ocupados pelos dois cientistas.

Contemporâneo de Arquimedes, com quem manteve correspondência, cujos fragmentos dessas cartas ainda hoje são guardados. Eratóstenes escreveu vários trabalhos, principalmente em geografia e cartografia. A obra "Sobre a Medida da Terra" perdeu-se no tempo, sobrando apenas algumas conclusões do texto, recuperados em trabalhos de outros estudiosos.

O princípio usado por Eratóstenes foi usado 100 anos mais tarde por Posidônio que encontrou o resultado de 180 mil estádios para a circunferência terrestre. Este valor, bem inferior ao de Eratóstenes, teve uma consequência histórica notável! Ptolomeu III, o faraó, ao dar a Eratóstenes a missão de medir a Terra, estava se envolvendo num acontecimento futuro dos mais promissores. O navegador Cristóvão Colombo certamente consultou o tratado "Geografia" de Ptolomeu, o cientista, que adotou o valor de Posidônio, com isto, acreditando numa Terra bem menor do que a proposta por Eratóstenes, o navegador teve argumentos para convencer as cabeças coroadas da viabilidade do seu ousado projeto. Fernão de Magalhães tinha como certo que se navegasse para o oeste e não para leste, como seria o usual, chegaria em apenas cinco dias às cobiçadas Índias. Essa sua fé, aliás, explicaria dois fatos: um deles o seu engano em chamar de índios aos habitantes da América; o outro diz respeito a sua coragem, por não saber o tamanho da Terra, fez com que ele, ao dar a volta em torno dela, empreender a viagem no sentido contrário, pois se soubesse o tamanho correto, provavelmente não se arriscaria numa navegação, no mínimo, inusitada.

Não obstante os motivos e os interesses comerciais do Faraó, a realização de Eratóstenes destaca-se pela maneira simples, científica e elegante do método empregado.

A fé no postulado das paralelas de Euclides e a certeza da Terra esférica deram-lhe os meios para ser não mais o Beta, mas, sim o Alfa entre os medidores científicos da Terra.

X – A Maratona

O dia da disputa havia chegado: 22 de fevereiro de 1535! Local: o pátio da igreja principal de Brescia, Itália. Público presente: professores, alunos e uns poucos nobres. Alguns desocupados e curiosos completavam o quadro de expectadores. Todos interessados em saber o desfecho de uma maratona matemática, da qual Tartaglia e Fior eram os personagens. Na época, século XVI, a álgebra conhecida não ía além da fórmula de resolução de equações do 2º grau. Dito de outra forma: os matemáticos não conheciam ainda uma fórmula de resolução de equações do 3º grau e isto era justamente o motivo da expectativa e mistério que envolviam a maratona! Explicando melhor:

Muitos anos antes da presente narrativa, Scipione Del Ferro, um professor de matemática em Bolonha, descobrira a fórmula para as equações do 3º grau, mais precisamente equações do tipo

$$x^3 + qx = r,$$

porém, não a revelou na ocasião. Mais tarde, já no leito de morte decidiu passar o segredo ao seu aluno Antonio Maria Fior, também conhecido por Floridus, latinização de Fior. Tendo jurado fidelidade ao seu mestre, Fior guardou o segredo por muitos anos, mas depois disto passou a dizer a todo mundo que conhecia a tão cobiçada fórmula. Tartaglia, um matemático de renome, viera saber da história e por acreditar que Fior era um fanfarrão lançou-lhe o desafio, resultando na disputa que dali a pouco iria acontecer e cuja preparação teve início muitos dias antes.

Fior era um matemático medíocre, mas aceitou o desafio de Tartaglia, colocado nos seguintes termos: cada um deles iria propor ao seu oponente 30 questões de álgebra. Venceria o torneio quem apresentasse, dentro do prazo de trinta dias, o maior número de questões certas e naquele dia, 22 de fevereiro, expirava o prazo combinado.

Enquanto as pessoas, reunidas em frente à igreja, aguardavam a chegada dos dois matemáticos, uma dúvida ganhava força entre elas: Tartaglia saberia resolver uma equação do 3º grau, se esta lhe fosse apresentada por Fior? Pelo que sabiam, dito pelo próprio Fior, ele sabia tudo sobre essas equações. Tartaglia, um matemático experiente, iria correr esse risco, sem conhecer a fórmula de resolução de equações do 3ºgrau, acreditando que Fior estivesse blefando? As opiniões se dividiam! Muitos tinham como certo que o jovem Fior teria problemas do 3º grau para propor ao seu oponente. Outros contra-argumentavam, dizendo que Tartaglia teve tempo para se preparar para o duelo. Certas ou não as justificativas, Tartaglia era um matemático profissional e um autodidata por excelência! Ele, desde cedo, demonstrara aptidão para a Matemática, porém, muito pobre não podia custear os seus estudos. Quando jovem estudava sozinho e por conta própria, usando as lápides do cemitério local por não ter cadernos onde pudesse fazer as anotações de suas pesquisas. Mais tarde, como adulto, mantinha-se dando aulas particulares, até que arranjou um lugar de professor em uma das universidades da Itália. Durante todo esse tempo, nunca descuidou da pesquisa-matemática. Tinha por objetivo, escrever uma obra que o imortalizasse como pesquisador, portanto, não seria surpresa ele conhecer também a fórmula para as equações do 3º grau. Todas essas dúvidas e discussões eram responsáveis pelo falatório e o clima de expectativa crescente, no grupo enorme de presentes ao encontro prestes a acontecer. Nessa época não havia televisão, fórmula-1 ou internet, e qualquer acontecimento, como uma disputa de matemática era motivo para atrair as pessoas e, com elas os vendedores ambulantes que naquele dia eram muitos, oferecendo alto as suas iguarias e refrescos de vários sabores, aumentando ainda mais o vozerio. Não faltavam ainda "os vendedores da sorte": especialistas em jogos de azar. Estes últimos, em bancadas improvisadas, explicavam aos interessados diversos jogos com cartas de baralho e lançamento de dados. Uma das bancadas da sorte, por sinal, bem concorrida, promovia as apostas entre Tartaglia e Fior. Vários aristocratas esnobes faziam aí suas apostas, trocando opiniões e, em alguns casos, fazendo previsões do que viria acontecer.

Bem de frente para a entrada principal da igreja, estava armada a plataforma de madeira, a meio metro do chão, de onde Tartaglia e Fior iriam expor as suas soluções. Sobre um dos lados da plataforma estava instalada uma espécie de mesa, a ser ocupada pelos três juízes da disputa. Do lado oposto à mesa estava uma espécie de quadro de giz, uma placa de argila polida, sustentada por cavaletes, para uso dos disputantes.

Dos dois envolvidos na disputa, Tartaglia foi o primeiro a chegar. Como de hábito, usando uma espécie de boné com abas laterais por sobre a barba espessa e desalinhada. As abas tinham por propósito ocultar as cicatrizes adquiridas na infância. Aos 12 anos, presenciou a tomada de Brescia, sua cidade natal, pelos franceses em 1512. Durante o período de violência da invasão francesa, ele e seu pai se refugiaram, como muitas outras pessoas, na mesma igreja que, agora, 29 anos depois, ele iria participar de uma disputa matemática. Embora refugiados na igreja, os soldados invasores não respeitaram o local e massacraram os que lá estavam. O pai de Tartaglia foi morto e ele com o crânio fraturado e um corte profundo de sabre que lhe atingiu o palato, é deixado morto. Sendo salvo pela mãe, que não dispondo de recursos, mas lembrando-se de que um cão machucado sempre lambe as próprias feridas, fez o mesmo com o filho. Mais tarde Tartaglia atribuiu a sua recuperação a esse tratamento, entretanto, o ferimento na boca deixou-o com um defeito de fala, daí o apelido Tartaglia, que significa gago, nome que passou a usar no lugar de Niccolo Fontana que recebera ao nascer.

Tartaglia era magro, não muito alto e de movimentos lentos e estudados. Quando chegou, subiu sem muita pressa a escada da plataforma e se apresentou aos juízes, estes já em seus lugares. Entregou a um deles o envelope que trazia à mão e esperou. As pessoas mais próximas do local, interessadas, é claro, na novidade, fizeram silêncio. O juiz abriu e tirou do envelope um maço de folhas soltas que continham as 30 questões resolvidas. O Magistrado contou as folhas dando uma olhada rápida pelo seu conteúdo. A seguir voltou a recolocá-las no envelope que foi passado aos outros juízes. Informado de que teria que esperar pelo seu oponente, Tartaglia aproveitou para passar em revista o público presente. O que viu causou-lhe um frio agudo no estômago! Até aquele instante mantinha uma esperança, embora tênue, de que ele não viria. Forçando passagem em direção à plataforma, vinha chegando Girolamo Cardano, o matemático mais extraordinário que se tem notícia na história da matemática. Aproximando-se da beira da plataforma, Cardano estendeu a mão a Tartaglia, felicitando-o pelo feito de ter entregado as trinta questões dentro do prazo. Alto, de porte ereto e olhos escuros, barba afilada, Cardano chamava a atenção por onde ía. Dono de uma fala envolvente, erudita, e sempre afiada para responder a quem o questionasse sobre os mais diversos assuntos. Vestia-se com esmero, porém naquela tarde trajava uma vestimenta suntuosa, em desacordo completo com o momento. Tinha começado a sua tumultuada vida profissional como médico, mas, paralelamente, dedicara-se à Matemática, estudando, ensinando e escrevendo. Na sua adolescência ajudou o pai, advogado e conferencista de matemática na Fundação Platti de Milão. Logo depois da morte do pai, Cardano esbanjou logo a pequena herança recebida e passou a viver como jogador profissional, fazendo bom proveito de seus conhecimentos de probabilidade. Casou-se em 1531 e teve dois filhos, um dos quais, Giambatista, foi preso, torturado, tendo uma das mãos cortadas e depois executado em 13 de abril de 1560, por ter envenenado a própria esposa. O outro filho lhe roubava para jogar, por isso foi banido de Bologna. Existem muitas histórias a respeito da crueldade de Cardano que trazia sempre à cintura uma faca. Consta que numa ocasião, por motivo de trapaça no jogo, cortou o rosto do seu adversário. Outra vez, num acesso de cólera, decepou as duas orelhas desse filho que lhe roubara.

Cardano teve uma vida de altos e baixos, ora com dinheiro e fama, outras vezes vivendo de favores dos poucos amigos que conseguira. Na sua autobiografia, definiu-se como desbocado, espião, melancólico, traidor, invejoso, solitário, obsceno, desonesto, jogador inveterado e portador de total desprezo pela religião. De fato, o leitor terá de concordar que, com esse currículo, a conclusão não poderia ser outra! Mesmo assim ocupou cadeiras importantes nas universidades de Pávia e Bolonha e uma pensão do papa, notabilizando-se como astrólogo do Vaticano. Essa posição, contudo, não durou muito: foi preso e acusado de heresia por ter publicado um horóscopo de Jesus Cristo. Tão grande foi sua fama como médico que certa vez foi chamado à Escócia para diagnosticar a doença do arcebispo de St. Andrews. Como astrólogo fez o próprio horóscopo: morreria com 72 anos. Alcançada essa idade, auxiliou o destino, cometendo suicídio para que os seus vaticínios se cumprissem.

Mas, naquela tarde da competição, Cardano estava cheio de vida e esperança. Viera até ali para assistir ao debate na expectativa de que pudesse vir a descobrir a tão cobiçada fórmula para a equação do 3º grau. Dos presentes à maratona, Cardano era a única pessoa que sabia do segredo de Tartaglia, tanto que há dias o vinha pressionando para que ele lhe revelasse a fórmula. Como Cardano soube desse segredo, ninguém soube explicar. O fato é que ele, Cardano, tinha pretensões em escrever uma obra que o imortalizasse e, com certeza, estaria pensando em incluir nesse seu livro a tão procurada fórmula. Tartaglia estava ciente disto e tomaria, é claro, as suas precauções.

Fior chegou logo depois e nada trazia nas mãos, o que não era o esperado, pois, o combinado era cada um trazer as soluções escritas. Alguém da plateia arriscou a afirmar para que todos o ouvissem:

- O Sr. Florindus parece que não fez a sua parte!

Depois de se apresentar aos juízes, a quem dirigiu algumas palavras, Fior procurou ficar de lado e esperou que os juízes dissessem alguma coisa. Interessadas, as pessoas em volta do palanque aguardavam em silêncio os acontecimentos. Um dos juízes, o principal, melhor dizendo, com voz forte e pausada passou a ler alguns trechos do regulamento do torneio, dando ênfase às cláusulas mais significativas, sendo uma delas a que dizia que as questões teriam que ser resolvidas em público para que todos os presentes pudessem acompanhar e entender o raciocínio matemático empregado. Ao ouvir isto, um sorriso amplo se estampou na fisionomia de Cardano. Para Tartaglia, ao contrário, só fez aumentar a sua apreensão, chegando o mesmo a pensar em desistir da competição, para resguardar o segredo da fórmula.

Terminada a leitura, o juiz dirigindo-se aos interessados perguntou se tinham algo a questionar com respeito ao texto do contrato. Nada a objetar, foi a resposta de ambos! O silêncio agora era total! A seguir, um outro juiz ficou de pé e escolhendo com cuidado uma das questões retiradas do envelope entregue por Tartaglia, passou a ler o seu enunciado de texto longo e complicado pelas diversas restrições impostas à solução. Gastou de 2 a 3 minutos nessa leitura, enquanto Tartaglia ía anotando, na pedra que servia de lousa, os dados correspondentes. Terminada a leitura pelo juiz, Tartaglia, de imediato, escreveu a equação

$$X^3 - 15\,X - 4 = 0$$

Cardano vibrou de contentamento, ao ler o que estava escrito, embora faltasse ainda a fórmula para resolver a equação. "Tudo a seu tempo!" deve ter pensado. Quanto a Tartaglia, demonstrava não ter pressa. Este foi até a borda da plataforma e dirigindo-se aos presentes declarou, com sua fala atrapalhada pela gagueira: -A equa ... equação que escre ... escrevi é do 3º grau. Para rrr ...resolvê-la é preciso a fórmula que os .... estudiosos do assunto vêm pro.. procurando descobrir ... há séculos!

Cardano, da plateia, não perdia um movimento do que estava acontecendo! Tinha chegado a hora que ele tanto esperava!

— Contudo, neste caso particu...cular, — prosseguiu Tartaglia, voltando- se para os juízes – a solução ...

Cardano, adivinhando os pensamentos de Tartaglia, não se conteve: levantando os braços e a voz, exigiu, em tom autoritário, quase gritando, que queria ver a equação resolvida!

A insatisfação manifestada por Cardano deu origem a discussões na plateia, principalmente, entre os apostadores que argumentavam baseados no regulamento do torneio. Com o falatório aumentando, o juiz que conduzia a apresentação pediu silêncio e no que foi atendido, olhou para Tartaglia, dando-lhe a entender que continuasse.

- A solu... ção da equação é 4! Não é necessário o emprego da fórmula; basta substituir x por 4 na equação pa... para se ter o resulta.. . ta ... do... igual a 0 – Concluiu Tartaglia aos tropeções.

A insatisfação foi de todos! Ninguém esperava esta resposta e muito menos Cardano que voltou à carga:

O regulamento manda que as soluções sejam apresentadas ao público e, aqui, estamos nós, o público! Foi o bastante para o resto se manifestar, exigindo também, a solução da equação.

Com os protestos tomando força, Cardano aproveitou para dizer diretamente a Tartaglia da sua insatisfação, caso este não resolvesse a equação. Tartaglia, percebendo o perigo de tumulto, procurou ganhar tempo, indo até a lousa, onde, depois de correr os olhos em volta para atrair a atenção dos presentes para si, passou a escrever alguns dos princípios de álgebra que, na época, eram seguidos pelos matemáticos. Um desses princípios, Tartaglia fez questão de enfatizar ao terminar a sua exposição na lousa, escrevendo nela em letras garrafais.

SOLUÇÃO PELA FALSA POSIÇÃO!

Poucos ali entenderam o que ele queria dizer com tal solução. Tartaglia então explicou desenvolvendo um exemplo:

Para resolver a equação do 1º grau:

$$X + \frac{X}{7} = 24$$

assume-se um valor conveniente para X, digamos X = 7. Com isto , obtém-se $x + \frac{X}{7} = 8$, em vez de 24, e, como este valor é 3 vezes 8, segue-se que o valor correto para X é 3 vezes 7 = 21.

No caso da equação do 3º grau, usei o processo da experimentação, perfeitamente válido, ou seja, fui experimentando valores para X, até chegar ao 4 que atende a equação! Se não, vejamos. – prosseguiu Tartaglia – substituindo X por 4 na equação.

$$4^3 - 15.4 - 4 = 4.4.4 - 60 - 4 = 0$$

Como se vê – concluiu Tartaglia, triunfante - 4 é a só, só, só.... solução da equação!

A exposição de Tartaglia dividiu a plateia: alguns aceitaram a explicação, outros, não. Surgiram discussões exaltadas aproveitadas por Cardano que exigia a solução pela fórmula que Tartaglia se negava a expor. O tumulto estava se formando, quando um dos juízes foi até a borda do palanque e pediu silêncio. Cardano, no meio de conhecidos, procurou cooperar, erguendo os braços no gesto característico de quem já aderiu ao silêncio e pede aos outros que também o façam.

O juiz então, mais do que depressa, declarou:

— Certa a resposta do Sr. Tartaglia! e, voltando-se para o Sr. Fior — que, de seu canto, aparentava estar pouco à vontade naquele ambiente — prosseguiu, sem perda de tempo, o juiz:

— É a vez do Sr. Fior!

Como todos estavam esquecidos do Sr. Fior, as últimas palavras do juiz provocaram um silêncio avassalador, sem qualquer chance de ser quebrado!

Fior saiu do seu canto e de cabeça baixa se aproximou da mesa dos juízes. Aparentava ter uns trinta anos, apesar da fisionomia cansada e o aspecto doentio. De estatura média e porte franzino, vestia, naquela tarde, roupas de cores variadas que pouco tinham a ver com as medidas do corpo. Os olhos, de um verde indefinido, projetados de olheiras profundas, davam uma ideia de completo desajuste com um rosto bem branco e imberbe. Nada nele estava em harmonia, era esta a impressão que se tinha de Fior.

O silêncio continuava e o terceiro juiz, o que, até então, não tinha falado, aproveitou para ler em voz alta o primeiro enunciado das trinta questões propostas por Tartaglia ao seu oponente. Fior, durante a leitura, que durou de 1 a 2 minutos, mantinha-se a custo sob controle. Sua ansiedade e irritação, percebia-se à distância. Aliás, para os mais atentos, era evidente, desde que chegara, a sua insatisfação por estar ali. Terminada a leitura, o juiz passou a palavra a Fior e foi se sentar com os seus pares.

Fior vangloriara-se durante vários meses que só ele sabia resolver a equação do 3º grau. Agora, cercado de pessoas curiosas e diante de três juízes, teria que mostrar que dissera a verdade. Tartaglia já havia feito a sua parte, resolvendo a primeira questão, faltando ainda vinte e nove! Para Fior seria a primeira das trinta. O silêncio era total, dando a impressão de que até o tempo parara de correr!

Foi decepcionante! Envergonhado, Fior encaminhou-se até a bancada dos juízes onde despejou toda a sua fúria, esbravejando:

Fui traído!

O impacto foi medonho! Ninguém esperaria por aquelas palavras de desespero! O grito ecoou por todo o pátio da igreja, chamando a atenção, até dos que passavam na hora pelo local.

Com os olhos presos ao chão, a meia voz, desabafou:

Meu mestre, no seu leito de morte, passou-me uma fórmula que funciona apenas em determinados e particulares casos de equações, sendo assim, não pude resolver nenhum dos trinta problemas que me passara o Sr. Tartaglia.

Cardano saíra indignado da disputa. Não havia conseguido o que queria. Voltou a procurar Tartaglia, pedindo a este, mais uma vez que revelasse a fórmula da equação do 3º grau. Tartaglia, a princípio, manteve-se firme no seu propósito de guardar para si o segredo da fórmula. Mas o astuto Cardano usou de um meio infalível diante do ingênuo Tartaglia. Fez um juramento solene, sob a Bíblia Sagrada e aos olhos de Cristo Jesus, que não passaria o segredo a ninguém. Tartaglia acreditou e passou a Cardano a fórmula de resolução da equação do 3º grau ou da cúbica como é também chamada.

* * *

Em 1545 apareceu em Nuremberg, na Alemanha, a obra *ARS MAGNA* ou *as regras da álgebra* de Girolamo Cardano, um grande tratado em latim de álgebra, lá estava a fórmula de Tartaglia da cúbica, com a história de que este a empregara em uma disputa pública com Antonio Maria Fior.

Tartaglia protestou veementemente, porém seus argumentos foram rebatidos por Ludovico Ferrari, o mais brilhante discípulo de Cardano que alegou ter o seu mestre recebido informações de Del Ferro, através de um terceiro personagem, misterioso, e ao mesmo tempo acusava Tartaglia de plágio.

Seguiu-se uma briga, acerca da qual, Tartaglia, com certeza, deu-se por feliz por ter saído com vida.

XI – O Postulado

O desafio do 5º postulado é uma história milenar e emocionante! Desconfiança e obstinação, medo e vaidade, frustrações e ressentimentos foram saldos dessa epopeia que durou cerca de 2000 mil anos! O postulado no linguajar de rua diz: "retas paralelas encontram-se no infinito!

A história começa com Ptolomeu Sóter I, faraó do Egito, por volta do ano 300 antes de Cristo. Entusiasta das ciências e artes, esse soberano construiu às margens do porto da cidade de Alexandria, sede do governo, o maior centro cultural do Mundo Antigo, a famosa Biblioteca de Alexandria.

O prédio da instituição foi uma construção imponente, cercada por uma construção retangular sólida, envolvendo o prédio principal em forma de um gigantesco obelisco, encimado por uma espécie de torre circular envidraçada, responsável pela claridade natural de toda a arquitetura. Passada a construção retangular que funcionava como um vestíbulo, no qual, bancos espalhados em toda a sua extensão formavam um atrativo para o descanso e a troca de ideias e discussões, na maioria das vezes acaloradas entre os frequentadores e principalmente alunos da instituição. A entrada principal, precedida por uma espaçosa escadaria de uns muitos degraus, dava acesso a um salão central, enorme, cercado por esculturas em pedras, entronizando as musas e outras divindades. Entre essas peças, prateleiras repletas de rolos de papiros constituíam o notável acervo da biblioteca. Estrategicamente posicionados pelo salão, bancos sem encostos, formavam o dispositivo arquitetônico do ambiente. O prédio principal, uma estrutura ampla e quadrada possuía vários pavimentos. No 2º piso, uma espécie de mezanino, ficavam as salas de leituras, um anfiteatro, laboratórios com recursos geométricos e astronômicos, a saber, planos inclinados, clepsidras, quadrantes e esferas armilares. Nesse piso ficavam também as dependências dos professores residentes e dos funcionários da administração. Jarros em coloridos suaves, de porcelana e de várias formas e tamanhos, guarneciam os pés das rampas de acesso ao mezanino. O edifício no alto terminava, já falado antes, numa estrutura poliédrica com faces envidraçadas, dando acesso à luz natural. Em toda a extensão vertical das paredes externas da construção, pequenas aberturas retangulares, protegidas por um dispositivo articulado de placas coloridas, permitiam a claridade e a ventilação do ambiente. Durante o dia, os raios solares, filtrados por essas aberturas laterais nas paredes, eram os responsáveis pela suave claridade do salão principal. A biblioteca, com todos esses requisitos de construção e arquitetura decorativa, guardava a mais fantástica quantidade de obras de filosofia, literatura, medicina, astronomia e matemática. Cerca de 500 mil rolos de papiros. Toda essa estrutura arquitetônica fazia parte de um plano para atrair e congregar os mais notáveis cientistas do mundo civilizado. Por vários séculos o Museu-Biblioteca de Alexandria manteve essa política, com muitos filósofos, médicos, astrônomos e matemáticos notáveis contribuindo para o seu sucesso. Euclides, o geômetra, foi um deles, e, é dele e do seu postulado que iremos falar.

Figura 11.1– Uma das dependências da Biblioteca de Alexandria

Certo dia, Ptolomeu Sóter I, chamou Euclides a sua presença. O sábio foi e ouviu o que o Soberano tinha a dizer:

> *É meu desejo e dos deuses que você faça um repositório organizado com todos os conhecimentos da arte do medir e contar. Faça-o com zelo e entusiasmo para compor uma das partes carentes percebidas há tempos no Museu.*

Euclides volta à presença do Rei, quase dois anos depois. Com ele, o seu trabalho *Os Elementos*. Um manuscrito redigido em 13 livros ou capítulos, dedicados ao que modernamente corresponde à geometria, à teoria dos números e à álgebra. Estava ali reunido tudo o que se sabia, na época, sobre os números e as formas geométricas, como fora exigido pelo Faraó.

O Faraó examinou detidamente a obra.

Ao procurar entender certos trechos, dirigia-se aos sacerdotes conselheiros presentes. Estes, por mais que se mostrassem interessados em ajudar, foram de pouca valia. Em determinado momento — diz a lenda — o impaciente Monarca fez a pergunta:

Há algum caminho especial para a Geometria?

Os sacerdotes cravaram os olhos em Euclides.

Mas este, à vontade, respondeu:

Rei deus na Terra! A ciência não faz distinção entre reis e súditos ..., assim, não existe um caminho real para a Geometria.

Euclides tinha razão. A Matemática, em particular a Geometria, não permite outra abordagem a não ser a do método axiomático. O matemático ao construir uma teoria da sua ciência, parte de conceitos primitivos, de definições e de postulados. Os conceitos primitivos são aceitos intuitivamente, sem definição, como exemplo, o ponto, a reta ou o plano. Prosseguindo no seu trabalho, o matemático expõe as definições que explicam os outros entes do discurso e, a seguir, estabelece os postulados: proposições, por hipóteses verdadeiras. Na sua decisão pela escolha dos postulados, há a preocupação de estabelecer proposições coerentes e independentes umas das outras.

A partir deste conteúdo inicial, a teoria se desenvolve por exposições de novos conceitos, identificação de relações entre os objetos do discurso, e, em grande parte, com os teoremas demonstrados pelo raciocínio lógico dedutivo, em que cada conclusão é extraída de uma definição, de um conceito primitivo ou de um teorema já demonstrado. Os teoremas formam o conteúdo predominante e o objetivo final de uma teoria matemática.

Os Elementos de Euclides constituem a primeira experiência do método axiomático na História da Matemática. O geômetra de origem grega desenvolveu a obra partindo de um grupo de definições, cinco proposições, chamadas por ele de noções comuns e cinco postulados.

Os quatro primeiros postulados euclidianos são proposições claras, intuitivas. Confira o leitor!

1. por um ponto a outro pode ser traçada uma reta;
2. um segmento de reta pode ser prolongado, nos dois sentidos, indefinidamente;
3. um círculo pode ser traçado com qualquer centro e raio; e
4. todos os ângulos retos são iguais.

No quinto postulado, a intuição é perdida! Os seus termos, transcritos a seguir, falam de coisas que vão acontecer distantes do observador:

Se uma reta intercepta duas outras formando ângulos interiores de um mesmo lado cuja soma deles é menor que 180º, prolongando-se essas duas retas, indefinidamente elas se encontrarão no lado em que os dois ângulos somam menos de 180º.

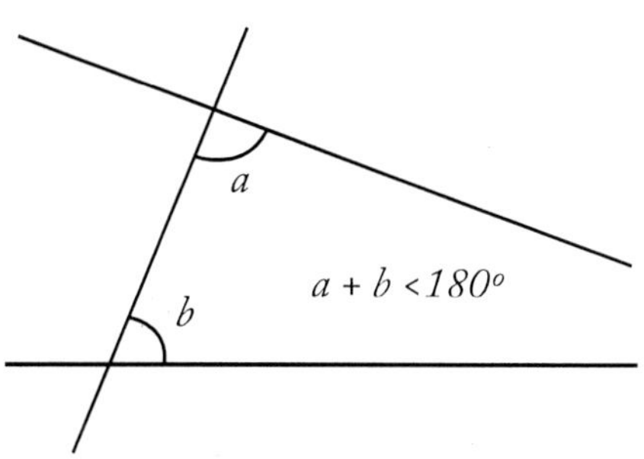

Figura 11.2 – Esquema do 5º postulado

O sentimento de que duas retas convergentes se encontram em um ponto é anulado pela argumentação de que duas retas assintóticas, por definição, aproximam-se uma da outra indefinidamente, porém não se interceptam. As retas de que falam o postulado de Euclides podem ser assintóticas.

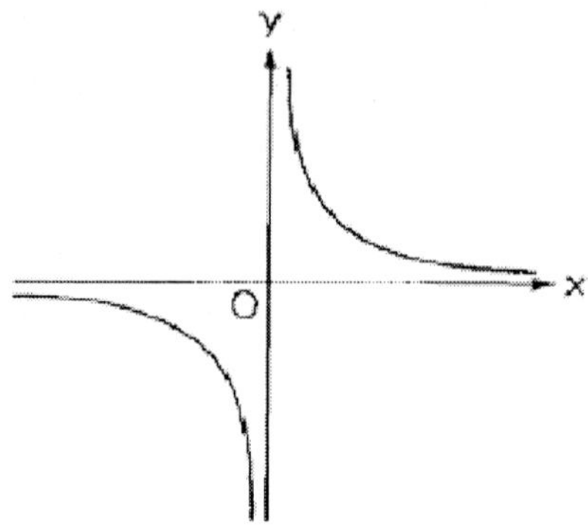

Figura 11.3 –Assíntotas

O contraargumento da condição assintótica de duas retas, elimina qualquer pretensão do quinto postulado ser uma proposição evidente por si mesma. As curvas da figura 11.3 nunca vão cortar os eixos coordenados. Sabemos do espaço a nossa volta, isto é, na vizinhança, mas não lá longe, no infinito.

A geometria euclidiana foi desenvolvida com o propósito de ser a resposta correta à nossa percepção do espaço físico tridimensional, contudo, o quinto postulado colocava essa pretensão em julgamento. E assim, para muitos, o postulado passou a ser o *calcanhar de Euclides.* Seria então natural que alguns interessados submetessem a questão a um exame, surgindo, assim, os críticos de Euclides, divididos em duas categorias.

A primeira delas reunia os matemáticos de opinião que os termos do postulado deveriam ser mudados, tornando-o mais evidente; a outra categoria acreditava que o quinto, ou o *postulado das paralelas*, como passou a ser conhecido, poderia ser transformado em um *teorema*, demonstrável, a partir dos quatro primeiros postulados.

Do empenho dos componentes do primeiro grupo, surgiu a troca do quinto postulado pela proposição:

"Por um ponto P de um plano, passa uma única reta paralela a uma dada reta do mesmo plano!"

Este enunciado afirma que duas retas paralelas mantêm-se equidistantes uma da outra até o infinito, o que deixa as coisas tal como estavam antes. O interessado não tem como ir até ao infinito para constatar a verdade da proposição. Diante da ineficácia da troca de enunciados, sobra a segunda alternativa: demonstrar o postulado!

A descoberta de uma demonstração para o postulado das paralelas passou a ser algo a ser alcançado para assegurar de vez a natureza inquestionável da geometria euclidiana. E por que seria assim? Simples: transformando o postulado em um teorema, a sua verdade não pode ser posta em dúvida: foi obtida por um raciocínio lógico dedutivo, não cabendo qualquer contestação.

Ptolomeu, o astrônomo, foi o primeiro a apresentar uma demonstração! A seguir veio a de Proclo, um estudioso do século V que advogava fortemente a ideia de que o postulado das paralelas seria um teorema, contudo não conseguiu o seu intento. Sua prova como a de Ptolomeu, tinha erros. A de Proclo, por exemplo, comete o erro de assumir na demonstração uma consequência do quinto postulado, a saber: duas retas paralelas equidistam uma da outra. Na verdade, durante toda a história do postulado, as "demonstrações" que surgiram apresentavam, em geral, o mesmo tipo de falha. Todas elas começam bem, mas, lá pelo meio, o autor assume, explicitamente ou não, uma hipótese, consequência do quinto postulado, caracterizando-se o que vulgarmente se diz: "fazer um martelo com a ajuda do próprio martelo".

Apesar dos fracassos na prova do postulado, a geometria de Euclides mostrava-se eficiente na construção de pontes, palácios e catedrais: os engenheiros e os carpinteiros depositavam nela toda a confiança. Os astrônomos e cartógrafos executavam os seus trabalhos dentro dos padrões de Euclides. Nos mosteiros e palácios medievais, os religiosos e matemáticos estudavam a *Bíblia* e os *Elementos* no mesmo nível de aceitação. A afirmação exposta e demonstrada no livro de Euclides:

A soma dos ângulos internos de um triângulo é 180º!

tornava-se uma verdade com a bênção divina.

Esta aceitação plena das leis euclidianas perdurou por toda a Idade Média, amortecendo a preocupação dos matemáticos com a "prova" do postulado.

Com a chegada do Renascimento, desbancando de vez a Idade das Trevas, apenas a geometria decorativa ou sagrada receberam alguma atenção dos estudiosos e arquitetos, destacando-se Leonardo da Vinci com a criação do ponto de fuga, o número áureo e outros recursos geométricos, mas nada disto veio afetar, de forma alguma, a aceitação universal da geometria euclidiana: esta continuava em sua sólida posição de ser a interpretação única e possível do universo físico!

Renascimento, período em que os homens, mesmo os de pouca instrução, queriam saber das coisas. Veio então a Reforma Protestante e, depois dela, as guerras religiosas. A Companhia de Jesus foi fundada com o propósito de fortificar a fé cristã e os padres jesuítas, seus membros, eram pessoas voltadas tanto para a cultura teológica quanto científica. Um deles, o jesuíta *Girolamo Saccheri*, um brilhante lógico e matemático do século dezessete, motivado pela condição sacrossanta dos *Elementos* de Euclides procurou livrá-lo de qualquer crítica "profana". Na sua devoção religiosa de resguardar os princípios da geometria, partiu para a prova do postulado das paralelas.

Para enfrentar o desafiante postulado que, há séculos, vinha resistindo a qualquer tipo de demonstração, Saccheri, armou-se da tática do raciocínio indireto, chamado de *Redução ao Absurdo* que consiste em negar o que se pretende demonstrar, ou seja, a hipótese da demonstração é a proposição que nega o que se quer demonstrar. Feito isso, um desenvolvimento lógico dedutivo conduz a uma proposição absurda! Negando-se essa afirmação absurda, a proposição resultante é a verdadeira!

Dentro dessa estratégia, Saccheri negou o postulado das paralelas, afirmando:

"Existe, por um ponto fora de uma reta, ambos situados no mesmo plano, mais de uma reta paralela a essa reta."

A partir dessa afirmação, Saccheri fez deduções atrás de deduções, esperando chegar a uma contradição. Com zelo e determinação prosseguiu no seu objetivo.

Nos seus estudos Saccheri havia considerado um tipo de quadrilátero cujos ângulos da base são retos e os lados laterais iguais. Os ângulos superiores desse quadrilátero são também iguais.

O quadrilátero ficou conhecido como *Quadrilátero de Saccheri.*

Prova-se que para esse quadrilátero os ângulos superiores são também congruentes. Daí, três hipóteses podem ser estabelecidas, com relação a eles.

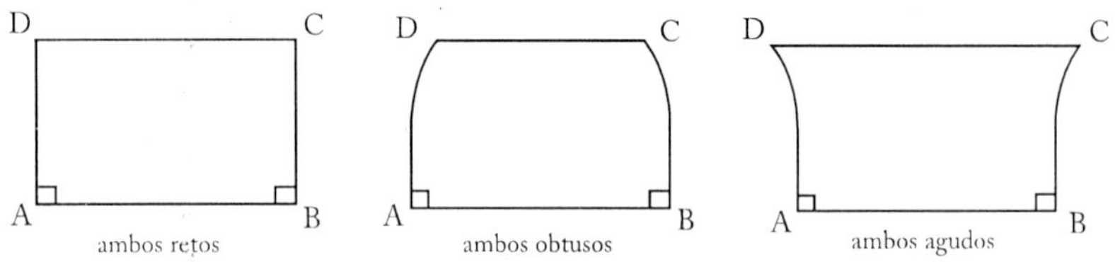

Figura 11.4 – Esquema das Hipóteses de Saccheri

Das três hipóteses, só a primeira é equivalente ao postulado de Euclides, pois o retângulo resultante de quatro ângulos retos caracteriza o paralelismo dos lados opostos. As duas outras hipóteses descartam esta condição. Por isto Saccheri acreditava que admitindo estas duas hipóteses seria conduzido a contradições.

Com a segunda hipótese, Saccheri colheu resultados estranhos, porém nada que contrariasse a natureza da geometria.

A segunda hipótese, sim, esta lhe proporcionou alegria: chegara à conclusão de que a soma dos ângulos internos de um quadrilátero seria ao mesmo tempo superior, igual ou inferior a 360º graus, situações claramente contraditórias.

Para aumentar a sua fé nesta contradição dos 360° graus, quis ir mais além nas suas pesquisas, mas esta sua decisão conduziu-o ao erro! Eis como isto aconteceu:

Altas horas de certa noite, em seu claustro, estudando, como sempre fazia, depois de suas obrigações sacerdotais, Saccheri colocou no papel a afirmação: duas retas paralelas não seriam equidistantes, ou, dito de outra forma, a reta suporte do lado base do quadrilátero e a do lado oposto, embora paralelas, teriam um ponto de encontro! Neste ponto, raciocinou o jesuíta, o ângulo formado pelas retas será nulo, com uma sobrepondo-se à outra, provocando o absurdo de serem, ao mesmo tempo, distintas e coincidentes! Uma flagrante contradição, concluiu o sacerdote, deixando cair a pena sobre a mesa. Erguendo os olhos para o Cristo Crucificado, fez uma oração de agradecimento pelo sucesso alcançado. Foi para o leito, prometendo a si mesmo que publicaria os resultados de seu sucesso.

Saccheri, por uma razão ou outra, não cumpriu a promessa! Mas, logo depois de sua morte em 1733, alguém publicou os seus resultados com o título *Euclides ab omni naevo vindicatus*[30]. Estranho é que a publicação não teve qualquer repercussão, caindo logo no esquecimento. Redescoberta um século e meio depois pelo italiano Eugenio Beltrami, este matemático revelou o erro de Saccheri: o jesuíta não teve a prudência de na 2ª hipótese, isto é, quando

[30] Euclides livre de todos os erros!

os ângulos superiores do quadrilátero são maiores do que 90°, considerar a situação das retas serem assintóticas[31]. O ângulo nulo que forma essas retas, injustificável, levou Saccheri a pensar na coincidência delas, daí surgindo, no seu entender, a contradição.

Em 1727, mais de um século antes de ser conhecido o erro de Saccheri, nascia o alemão Johann Heinrich Lambert que também usou o mesmo raciocínio do padre, inclusive no emprego de um quadrilátero, o de Lambert, como ficou conhecido.

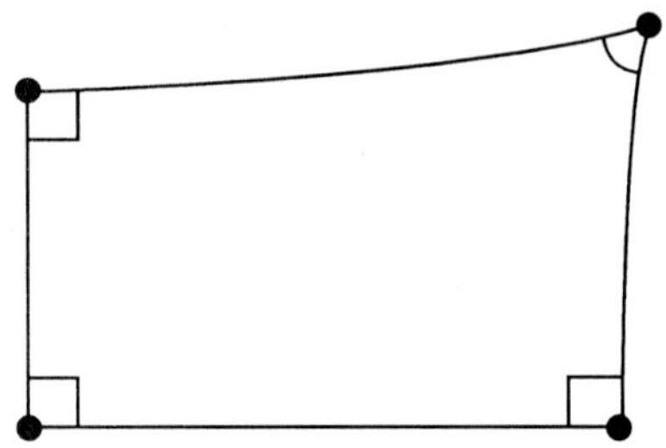

Figura 11.5 – Quadrilátero de Lambert

O Quadrilátero de Lambert possuía três ângulos retos e não dois como o de Saccheri. No resto, os dois matemáticos seguiram caminhos iguais. Lambert fez as três hipóteses em relação apenas, é claro, ao quarto ângulo do seu quadrilátero, porém, ao contrário de Saccheri, não foi conclusivo, contudo, ambos chegaram a resultados "estranhos", mas, respeitosos ou, talvez, melhor dizendo, contaminados pela fé em Euclides, não atinaram com a possibilidade dos resultados serem válidos em outras geometrias. O próprio Gauss, como veremos à frente, teve medo de contrariar Euclides.

---

[31] Duas retas são ditas assintóticas quando, aproximando-se indefinidamente, uma da outra, nunca se interceptam.

Medo, em questões de ciência, com toda a certeza não fazia parte do caráter de Lambert: foi uma personagem das mais significativas na história da ciência. Filho de um pobre alfaiate, tornou-se um autodidata por excelência, com contribuições à Matemática, à Astronomia, à Física, à Filosofia e à Cartografia. A sua reputação de intelectual deu-lhe condições de pretender um lugar na Academia de Ciências da Prússia.

Frederico (1712-1786), o Grande, e rei da Prússia, sabendo da pretensão de Lambert, marcou uma solenidade em sua corte para recepcionar o famoso geômetra. Nesse encontro surgiu entre ambos o diálogo que retardaria por mais de um ano a entrada oficial de Lambert para a pretendida instituição científica. Eis como foi:

Horas antes da recepção, os mexericos sobre o acontecimento giravam sobre a língua ferina do monarca e as possíveis reações do cientista candidato. Havia razão para tanto, pois, para se ter uma ideia da mordacidade de Frederico, basta dizer que ele se referia ao geômetra suíço Euler, que fazia parte da corte, como o *Ciclope da Matemática*[32]. Lambert, por sua vez, não ficava atrás: tinha sempre na ponta da língua uma resposta contestadora, quando não irônica, para aqueles que procuravam provocá-lo. Estava formado, portanto, um clima de expectativa e curiosidade pelo que iria acontecer na noite. O currículo de Lambert fornecia, com certeza, material de sobra para as conhecidas provocações do Monarca.

O salão de recepção enorme e profusamente iluminado, estava todo decorado como se fosse receber alguma embaixada. A música, que sempre fora a paixão do rei, estava representada

---

[32] - Comparação com o monstro mitológico de um olho só.

por uma pequena orquestra, formada pelos melhores músicos. Os convidados, homens e mulheres. todos em trajes de gala, inclusive alguns militares, em suas túnicas justas, apinhadas de medalhas e condecorações.

Na mesa especial estavam o Monarca, tendo ao seu lado, o astrônomo real, uma figura imponente com roupas espalhafatosas. Ao lado do astrônomo estava Euler com o seu meio sorriso de sempre, parecia divertir-se o tempo todo. Lambert, uma figura, no mínimo exótica, com sua testa exagerada e realçada por uma longa peruca que se estendia até as costas, presa no final por um laço de fita vinho, mostrava-se perfeitamente à vontade ao lado do Presidente da Academia. Completando a mesa estavam outros membros da diretoria, além de ministros e outros conselheiros de Frederico. Este, não só pela posição de líder, mas, sobretudo, pelo poder, sobressaia-se entre todos. Todas essas nuances de cores e personalidades, em meio às circunstâncias do momento, estavam de acordo com a magnificência da corte de Frederico que via, não só em si como em tudo a sua volta, motivo para festas e ostentação. Daí o seu cognome: o Grande.

Figura 11.6 – Lambert e o Astrônomo Real

O Monarca, abrindo a cerimônia, apresentou Lambert aos presentes ressaltando a notoriedade do matemático. Depois, em tom de brincadeira, disse:

— "O senhor Lambert criou um quadrilátero só para si, cujas propriedades só ele as entende."

Murmúrios e discretas risadas acolheram o comentário do Monarca. A maioria dos presentes, na verdade, não estava ali interessada nas pesquisas de um matemático, para muitos, desconhecido. Lambert reagiu ao comentário com um meio sorriso e esperou um melhor momento para falar.

O Imperador buscou outros assuntos, mas sem fugir do tema: ciências. Um ou outro dos presentes deu sequência ao tema, mas sem muito entusiasmo. Lambert tomou partido em outro dos assuntos abordados, mas, no geral, mostrou-se reticente. Frederico conhecia a reputação de Lambert como sendo versado nos mais diversos assuntos, mas, talvez não soubesse do caráter extremamente vaidoso do geômetra, aliado a um raciocínio rápido, quase sempre temperado de ironia.

A certa altura, tentando dinamizar a discussão, o Imperador arriscou, tocando no seu assunto predileto:

_A música é sublime, superando em muito a Matemática! Além de possuir a abstração e os requintes da Matemática, proporciona ao ser humano, mesmo que este não saiba executá-la, oportunidade do êxtase ao ouvi-la, enquanto a geometria é muda, nada fala a não ser aos poucos privilegiados como o senhor.

Lambert, com serenidade respondeu ao Soberano.

_ *Alteza, nada se iguala ao prazer do matemático em resolver elegantemente um difícil problema! Embora a posição do matemático seja egoísta, os resultados de suas pesquisas beneficiam toda a humanidade, da mesma forma que a ação de um competente soberano influencia a vida de muitas pessoas.*

Lambert fez uma pausa, observando a reação dos que estavam em volta, a seguir concluiu:

— *Daí a realeza da matemática: estar ao pé de igualdade com um soberano!*

Uma discreta onda de murmúrios percorreu a mesa. O Imperador procurou ganhar tempo, servindo-se de uma bebida; a seguir mudou de direção.

— Como o senhor vê a Matemática diante das outras ciências?

— Alteza, todas as ciências naturais dependem da Matemática! Umas mais outras menos; a Mecânica e a Astronomia estão atreladas à Ciência dos Números! A Química nem tanto, contudo não progride sem as razões e proporções da aritmética.

— E quanto às artes, Sr. Lambert? — instigou o soberano, correndo os olhos pelos presentes, buscando a atenção de todos.

— Quanto às belas artes — explicou Lambert, enfatizando o adjetivo *belas* — a Música se sobressai pela sua abstração intrínseca e por isto é a que mais se aproxima da Matemática.

— Pelo que o Senhor afirma, a escultura e pintura não têm abstração — atalhou, com ironia, o Monarca.

A expectativa tomou conta dos presentes. Ninguém disse nada, nem em gestos. Lambert, passando os olhos pelo salão, disse:

— Não vejo aqui nenhuma sinfonia, enquanto as telas e esculturas ...

Lambert não pode concluir o seu pensamento. O Monarca percebendo a ingenuidade da sua pergunta e, esquecendo as boas maneiras, disse, visivelmente, irritado:

— Herr Lambert, em qual das ciências, o senhor é mais competente?

Por alguns instantes, não se ouviu nada, nem a música de fundo. Os músicos, por algum desígnio, haviam parado de tocar. Com isso, a expectativa cresce e toma conta do recinto. Alguns dos presentes, discretamente mudam de posição em suas cadeiras. Ainda transcorre alguns segundos e de repente soa a resposta de Lambert, clara e surpreendente.

— Em todas!

Murmúrios ecoam pelo salão. O Monarca, com ar de inocente, finge-se admirado e girando o corpo em direção ao matemático, chamando a atenção de todos para o seu interlocutor, e, em seguida, dispara a pergunta, certo de que levaria a melhor.

— E ... com quem aprendeu todas elas, senhor Lambert?

— **Comigo mesmo!** – respondeu Lambert, bem à vontade.

A um gesto do Monarca, visivelmente irritado, os músicos voltaram a tocar uma música ligeira, pondo fim ao diálogo histórico entre Frederico II e Lambert.

***

A crença na prova do postulado, também, teve o seu fim. A partir do século dezenove, alguns matemáticos começaram a achar que a quinta proposição de Euclides era de fato um postulado e como tal independente dos quatros anteriores, isto é, não demonstrável a partir deles. Sendo assim, poderia ser substituído por um outro que afirmasse qualquer outra coisa, como por exemplo, a negação do quinto postulado.

Dois matemáticos, o russo Nicolai Ivanovitch Lobachevsky (1793-1856), e o húngaro János Bolyai (1802-1860), trabalhando independentemente, escolheram para substituto a proposição:

Por um ponto P de um plano passam duas paralelas a uma mesma reta dada!

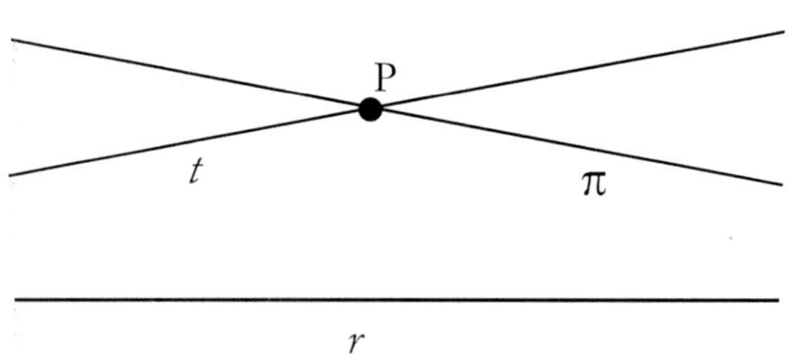

Figura 11.7 – Mais de uma reta paralela

Dando origem a uma das geometrias não euclidianas, denominada hiperbólica, vamos falar, separadamente, dos seus codescobridores:

Lobachevsky, quando expôs a geometria criada em 1826 no anfiteatro da Sociedade de Física-Matemática da cidade de Kazan, Rússia, ninguém quis dar-lhe ouvidos, mesmo porque não foram capazes de entender a apresentação. Lobachevsky reagiu com uma fé inabalável ao ceticismo dos seus pares, buscando os vários meios de comunicação da época para divulgar as suas pesquisas, contudo, não teve sucesso.

Sem desanimar, publicou o trabalho em alemão e o enviou a Gauss, na época, a grande celebridade. Depois de mais de um ano recebeu a carta-resposta na qual o matemático alemão tecia os maiores elogios ao seu trabalho, principalmente no que dizia respeito ao método de abordagem do problema. Essa reação favorável de Gauss trouxe de imediato os seus benefícios: os matemáticos passaram a dar a devida atenção à nova geometria. Em 1855, um ano antes da morte de Lobachevsky e algum tempo depois de ficar cego, uma apresentação mais resumida de sua obra, em francês, com o título de *Pangeometria* veio a público, estabelecendo de vez a possibilidade de uma nova geometria.

Com esse fato, a geometria euclidiana perdia a sua hegemonia, mantida por mais de dois mil anos!

Um século depois, Albert Einstein (1879-1955) comentaria: Lobachevsky desafiou um postulado e por isto mereceu ser chamado de o *Copérnico da Geometria*.

Figura 11.8 – O Copérnico da Geometria

Nicolai Ivanovitch Lobachevsky passou a maior parte de sua vida na Universidade de Kazan, como aluno, depois como professor e, finalmente, como reitor. Extremamente dedicado à Universidade, Lobachevsky não media esforços intelectual e físico para engrandecer a instituição. Sob uma mínima provocação tirava o casaco e o colarinho, entregando-se de corpo e alma ao trabalho. Certa vez, estando sem as vestes de reitor, depois de ter ído fiscalizar as edificações em andamento de modernização da Universidade, encargo adquirido depois de qualificar-se como arquiteto, foi abordado por um distinto visitante que lhe pediu que o mostrasse a biblioteca e demais dependências da instituição. O Reitor cordialmente acompanhou o visitante, apontando os mais raros livros e as mais valiosas peças ornamentais e quadros de pintura do museu, tudo com explicações precisas e oportunas. O estranho ficou impressionado e encantado com o conhecimento e entusiasmo do seu cicerone. Ao se despedir o visitante estendeu-lhe uma gorda gorjeta. Diante da raiva e indignação manifestada por Lobachevsky, que o estrangeiro entendeu como mais uma excentricidade do brilhante zelador, desculpou-se e guardou a moeda. À noite, neste mesmo dia, Lobachevsky à mesa do jantar do Governador, reencontrou-se com o visitante da tarde, ocasião em que foram desfeitos os mal-entendidos e aceitas as desculpas de ambas as partes.

Este incidente passou, mas a carreira de Lobachevsky teve um final melancólico! Depois de toda abnegação à Universidade, à ciência e o seu reconhecimento como matemático pela Europa, seria normal a gratidão do Governo aos seus méritos.

Mas, não foi assim a história. Em 1846 Lobachevsky foi da noite para o dia destituído de suas funções de Reitor e professor, com o direito apenas de frequentar as dependências da Universidade! O que ele fez até morrer cego e esquecido.

Na época do desligamento, Lobachevsky contava com 54 anos, desfrutava de um corpo vigoroso e uma desenvoltura mental invejável. Resta-nos a pergunta: a Igreja Católica não seria a responsável por essa humilhante jubilação, uma vez que, diante das normas cristãs, Lobachevsky assumira o papel do *anticristo da Geometria.*

***

A participação de Bolyai, na descoberta da geometria hiperbólica, começa com uma carta de seu pai, Farkas Bolyai. Este, ao saber do interesse do filho pelo problema das paralelas, escreveu-lhe:

> *Não tente provar o postulado das paralelas. Conheço esse caminho até o fim. Atravessei essa escuridão que extinguiu todas as luzes e alegria de minha vida. Peço-lhe pelo amor de Deus, deixe a ciência das paralelas em paz ... Tema, tanto*

isto quanto as paixões sensuais, porque poderá tomar todo o seu tempo e privá-lo de uma mente sadia.

Reposta do Filho Bolyai

Pensei que poderia me sacrificar em prol da verdade. Estava preparado para tornar-me um mártir que removeria as falhas da geometria, retornando-a purificada para a humanidade. Fiz coisas horríveis, trabalhos enormes; minhas criações eram bem superiores às dos outros e, mesmo assim, não alcançava completa satisfação... Voltei quando vi que nenhum homem podia alcançar o fundo da noite. Voltei inconsolado, com pena de mim mesmo e de toda a humanidade.

Admito que esperei pouco de suas linhas de defesa. Parece-me que estive nessas defesas e passado por todos os arrecifes deste infernal Mar Morto e tenha sempre voltado com o mastro partido e a vela rasgada. A ruína de minha saúde e o meu fracasso voltam-se para este passado. Impensadamente arrisquei minha vida e felicidade. ----aut Caesar aut nihil.[33]"

János Bolyai contudo não estava tentando demonstrar o postulado das paralelas, mas seguindo o caminho inverso: em carta ao pai, esclarecia: "Estou determinado a publicar um trabalho sobre paralelas, tão logo esteja completo, em ordem, e apareça a oportunidade. Ainda não fiz a descoberta, mas o caminho que tomei é quase certo que mais cedo ou mais tarde alcançarei o meu objetivo, dado que ele existe. Não o tenho ainda, é claro, mas já encontrei coisas maravilhosas que me fazem estarrecer! Será uma perda lastimável se elas vierem a se perder como você, meu querido

[33] - Ou César, ou nada. Em outras palavras: ou tudo ou nada. Lema de César Borgia, irmão de Lucrécia Borgia, ambos filhos ilegítimos do Papa Alexandre VI.

pai, admitirá quando vê-las. Tudo que posso dizer agora é que *do nada criei um estranho e novo universo*. Tudo que lhe enviei antes é como um castelo de cartas comparado com uma torre. Estou certo de que essas descobertas vão me trazer mais honras do que eu teria com as que já foram feitas."

Bolyai era engenheiro militar no Exército da Áustria e aclamado violinista, gostava também de esgrimir e, nesse esporte, fora considerado o melhor. Comunicativo e de espírito alegre, estava sempre procurando coisas para se envolver. Certa feita, foi desafiado por treze oficiais, seus colegas, a esgrimir com eles, um a um, sob a condição de, nos intervalos, sem descanso dos combates, Bolyai teria que executar uma peça em seu violino. O desafio foi aceito e aconteceu numa noite gelada, assistido por todos os presentes no cassino, denominação dada à enorme sala de recreação dos oficiais de um quartel.

Bolyai tornou-se a estrela da noite, vencendo todos![34]

[34] Tanto tocar violino como esgrimir são artes, musical e marcial, respectivamente. Arte depende de dom, mas só o dom não garante o sucesso. É preciso um conhecimento sólido de seus fundamentos e a prática em grande escala. Treze disputas de esgrima seguidas necessita-se de um preparo físico excelente; o mesmo se aplica para treze peças musicais interpretadas ao violino.

Na esgrima, fica-se de lado para o adversário, a fim de exibir menor área do corpo. O esgrimista destro, volta sua cabeça para a direita, as pernas ficam um tanto dobradas nos joelhos para permitir movimentos mais rápidos. O pé direito aponta na direção do adversário e o esquerdo forma um ângulo reto com aquele. O braço esquerdo é mantido protegido atrás do corpo. A mão direita empunha a arma e o braço direito um tanto estendido na direção do oponente, mantém o esgrimista sempre pronto a atacar e a se defender. Avanços e recuos são praticados mantendo-se as posições relativas dos pés em esquadro, com a finalidade de manter a distância correta permitida pela técnica, embora os oponentes possam ter estaturas e comprimento de braços diferentes. No "a fundo", avança-se o pé direito o mais para frente possível, mantém-se o pé esquerdo no mesmo lugar, estendendo o braço direito e inclinando-se o corpo na direção do adversário com o máximo de rapidez possível para conseguir tocar com a arma o corpo do adversário. O esforço físico e a concentração intensa causam cansaço. Entre uma disputa e outra há intervalos para descansar o físico e a mente. Há necessidade de se relaxar antes de iniciar um outro combate.

O violino fica fixado pelo queixo apertando-o sobre o ombro. Sendo destro, o músico sustenta e movimenta o arco com a mão direita, que assume diferentes posições para que o arco encoste numa certa e determinada das cinco cordas do instrumento. O braço direito sobe e desce de modo a fazer o arco passear convenientemente sobre a(s) corda(s). Alavancada pelo braço, a mão esquerda movimenta-se para distintas posições ao longo da haste, permitindo que determinados dedos apertem certas cordas contra a haste. São esses dois movimentos combinados, rigorosamente nas posições certas e no ritmo adequado que fazem o

Quanto a sua codescoberta, ou seja, a geometria hiperbólica, está lavrada em um apêndice de vinte e seis páginas da obra *Tentamen juventutem studiosam in elementa matheseos purae, elementaris ac sublimioris, methodo intuitiva, evidentiaque huic propria, introducendi.*..., de Farkas Bolyai, publicada em 1831.

O pai, amigo íntimo de Carl Friedrich Gauss, há trinta e cinco anos, desde quando ambos eram estudantes de matemática em Göttingen e, na época, separados à distância Alemanha—Hungria, comunicavam-se por cartas. Numa dessas correspondências Wolfgang enviou a sua própria tentativa de demonstração do postulado das paralelas: Gauss gentilmente apontou o erro fatal cometido pelo amigo.

Wolfgang, decepcionado, deixou de desafiar o postulado! Anos depois, expôs essa resolução em carta a seu filho cujo teor, viu-se antes. Mas, antes disto, Bolyai com treze anos já dominava o cálculo diferencial e o integral. Entusiasmado com a precocidade do filho, Wolfgang escreveu a Gauss pedindo a ele que aceitasse o seu filho como aprendiz de matemática. Gauss nunca deu resposta a esta solicitação: na época estava tendo problemas com o próprio filho Eugênio que havia fugido de casa.

Quinze anos mais tarde, quando Wolfgang postou a cópia do *Tentamen* para Gauss, esperou deste uma recepção melhor. O filho, Bolyai, acreditava inclusive, que o famoso amigo do pai viesse a publicar o seu trabalho. Ansiosamente Bolyai esperou pela resposta! Quase um ano depois, esta chegou:

---

violino soar a melodia musical desejada. A parte física talvez não seja tão penosa quanto na esgrima, mas cansa. A atenção tem que ser total e certamente contribui para o cansaço. As orquestras costumam fazer intervalos em benefício da performance dos músicos. Esgrima e violino combinados constituem uma dura prova! Realizar as duas atividades nos moldes ocorridos, é tarefa extremamente difícil, principalmente tendo vencido todas as disputas e interpretado, acredita-se, bem as músicas: O feito faz de Bolyai um gênio e o seu mérito é extraordinário!

Se eu começar dizendo que não posso elogiar o trabalho de seu filho, você, certamente ficará perplexo: mas não posso agir de outra maneira; elogiando-o, estaria elogiando a mim mesmo; pois em todo o contexto do trabalho, o caminho que seu filho tomou, os resultados a que foi levado, coincidem quase que exatamente com as minhas próprias cogitações que ocuparam a minha mente por trinta a trinta e cinco anos. Nesse particular encontro-me surpreendido ao extremo.

Minha intenção foi, com respeito ao meu próprio trabalho, publicar muito pouco, para que não seja conhecido, enquanto eu viver. Muitas pessoas não têm a capacidade de entender nossas conclusões e apenas umas poucas receberam com particular interesse a parte que as comuniquei. Para entender estas coisas, deve-se antes ter uma refinada percepção do que é necessário e sobre este ponto a grande maioria com quem falei está bastante confusa. Quanto a outra parte, eventualmente, posso vir a colocar tudo em um "paper", para que não seja enterrado comigo.

Assim, estou amplamente gratificado em dividir esse esforço e porque não dizer, com muito júbilo e alegria, por ser o filho do meu velho amigo que passa a minha frente neste extraordinário caminho.

Bolyai jamais perdoou Gauss pelos termos dessa carta. Em 1834, trocou para sempre a matemática pela amante Rosalie von Orban, com quem teve três filhos. Ao morrer em 1860, encontraram entre seus pertences uma caixa com velhos amarrados contendo mil páginas de manuscritos matemáticos.

***

Na geometria hiperbólica, várias coisas diferentes acontecem. A soma dos ângulos de um triângulo é menor do que 180° ; a razão entre o comprimento do circulo e o raio não é mais o valor constante π ; não existem triângulos semelhantes, só congruentes, isto é, iguais. Expressando-se de outra forma: se dois triângulos têm, respectivamente, os ângulos iguais então são congruentes. Isto porque, na geometria hiperbólica, a área de um triângulo é proporcional a diferença entre a soma de seus ângulos e 180°, ou π radianos.

$$S = k\left\{\pi - \left(\hat{a} + \hat{b} + \hat{c}\right)\right\} \ (*)$$

onde k é a constante de proporcionalidade, inerente ao espaço da geometria, isto é, onde a geometria pode acontecer, no caso, na pseudoesfera, superfície de curvatura negativa constante.

Analisando a fórmula vê-se que a área do triângulo tende a zero quando a soma dos ângulos se aproxima de π radianos. Por outro lado, tende a kπ quando a soma dos ângulos aproxima-se de zero!

***

Riemann, o descobridor da geometria elíptica, foi o terceiro personagem da revolução euclidiana. Em sua famosa conferência probatória, de 1854, para professor *Privatdozen*[36] da Universidade de Göttigen, expôs a possibilidade de outra geometria, na qual as retas não seriam infinitas e não haveria retas paralelas. Um "ponto" seria um par de pontos, diametralmente opostos, sobre a superfície esférica, e uma "reta" um círculo máximo dessa esfera.

---

[35] Ver pág. 203

[36] Professor autônomo cujos honorários são pagos pelos alunos do curso por ele ministrado.

Nessa geometria a soma dos ângulos internos de um triângulo, cujos lados são arcos de círculos máximos, é maior do que 180° ou π radianos e sua área dada pela fórmula

$$A = R^2\left\{\left(\hat{a} + \hat{b} + \hat{c}\right) - \pi\right\}$$

A soma dos ângulos do triângulo tem um limite e, sendo assim, a área é também limitada. Por outro lado, se k cresce acima de qualquer valor, isto é, tende ao infinito, a área do triângulo, sendo finita, assume o valor zero. Analisando a fórmula conclui-se que sendo 180º ou π radianos a soma (a+b+c) recai na geometria usual ou euclidiana, pois a diferença é zero independente do valor do raio da esfera.

A geometria de Riemann, contrariando a filosofia de Kant, varre de vez do campo da Matemática a condição necessária e única da supremacia da Geometria Euclidiana. Ele mostrou que se há diferentes espécies de linhas (curvas e retas) e superfícies (esféricas, cônicas e outras) há também vários tipos de espaços de três dimensões: só a experiência nos dirá em qual deles estamos!

O trabalho de Riemann colocou a geometria sob uma nova luz. Aceitar que a sua conferência sugeriu apenas uma nova geometria não é fazer-lhe justiça. A palestra *As hipóteses em que se baseiam os fundamentos da geometria* descortinou a possibilidade de vários princípios básicos que norteiam as chamadas geometrias ou espaços de Riemann. Três desses princípios são: o conceito de *variedade*, a definição de *distância* e a noção de *curvatura*.

Por *variedade* entende-se uma classe de objetos, tais que, qualquer membro da classe pode ser completamente especificado pela sua associação com um grupo de números dispostos em certa ordem. O plano cartesiano em que cada ponto é conhecido por um par ordenado de números, abscissa e ordenada, é exemplo de uma variedade bidimensional.

Distância ou métrica é definida de modo a satisfazer o conceito de medida intrínseca à variedade sob estudo. A proposição de Pitágoras,

$$a^2 = b^2 + c^2 \text{ ou } a = \sqrt{b^2 + c^2}$$

constitui a fórmula fundamental para a medida de distância no plano euclidiano.

A *curvatura* como concebida por Riemann é a medida do quanto uma linha curva foge em cada um dos seus pontos, da linha reta. A circunferência ou círculo, por exemplo, em cada um dos seus pontos, tem a curvatura igual ao valor do inverso de seu raio.

Faz sentido este valor, pois, imagine o leitor, quanto maior o raio menor é a curvatura, tanto que para o raio infinito, a circunferência transforma-se na reta de curvatura nula! De fato: $\frac{1}{R^2} = 0$ para $R = \infty$. Em se tratando de uma curva irregular, a curvatura, em cada ponto, é medida pelo inverso do raio do círculo osculador, círculo tangente à curva,

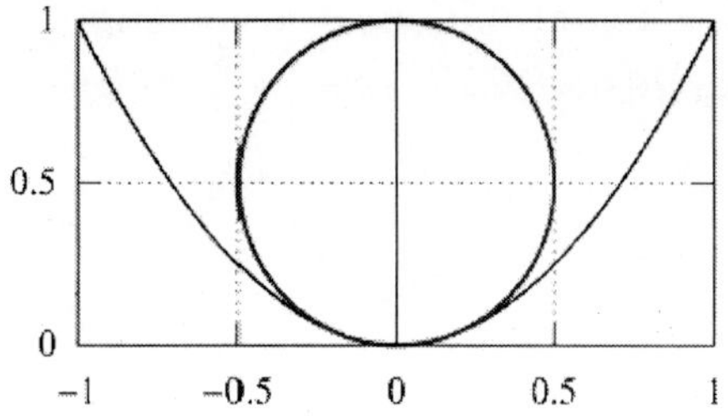

Figura 11.9 – Círculo Osculador

Para uma superfície qualquer, digamos a cônica ou a esférica, a curvatura em cada um de seus pontos é o valor do quanto ela se afasta do plano. A curvatura da superfície esférica é o valor do inverso do quadrado do seu raio: $\frac{1}{R^2}$. Com raciocínio igual ao que se fez para o círculo, tem-se: se R tende ao infinito, o valor da curvatura $\frac{1}{R^2}$ é zero e a esfera transforma-se no plano, variedade ou superfície de curvatura nula.

A conferência de 10 de junho de 1854 revolucionou não só a geometria como toda a física-matemática. A curvatura de Riemann, calculada por parâmetros funcionais que medem a distância entre pontos vizinhos de uma variedade n-dimensional e o seu reconhecimento da invariância da curvatura encontraram ampla aplicação na teoria da relatividade de Einstein.

Quanto ao descobridor deste novo universo geométrico, Riemann, além de tímido ao extremo, era de uma candura e modéstia cativantes. Tinha dificuldades em se relacionar com as pessoas, por isto vale a pena recordar a sua ida à sala de Gauss, dias antes da palestra probatória. Ao entrar no gabinete de Gauss, Riemann mal o cumprimentou, entregando-lhe logo três manuscritos, versando cada um sobre um determinado assunto, conforme as normas da instituição assim o exigiam.

Gauss examinou detidamente os trabalhos e durante este tempo, entusiasmado pelo que lia, foi tecendo comentários aos quais Riemann, de pé, só fazia ouvir e, nas poucas vezes em que alguma explicação que lhe fora solicitada, gaguejou o tempo todo. A certa altura, desesperado, Riemann fez um gesto de despedida, buscando a saída, no momento em que Gauss dava-lhe as costas para procurar na estante um determinado livro. Por sorte Riemann não levou ao fim a sua intenção, pois, no exato momento em que abria a porta, entrava um funcionário da Universidade que aproveitou o encontro para lhe fazer algumas perguntas de caráter administrativo. Com a interferência do funcionário, Riemann caiu em si e permaneceu até o fim da entrevista, evitando, assim, algo que seria inexplicável.

Gauss, contrariando as normas da universidade, disse que daria a conhecer o assunto da palestra momentos antes do dia e hora marcados.

Não sabendo do que iria falar, Riemann não dormiu, contudo, aproveitou o tempo para melhorar alguns aspectos do trabalho sobre geometria. Deu sorte, pois foi este o assunto escolhido por Gauss para a palestra probatória.

No dia marcado, minutos antes do início da conferência, entrou no anfiteatro o funcionário para anunciar o tema da palestra. No recinto, tinha gente em pé! Só o fato de Gauss presidir a reunião já era motivo de sobra para a casa cheia.

Com voz pausada e pronunciando bem as palavras, o amanuense anunciou o tema: Herr Georg Friedrich Bernhard Riemann discursará

Sobre as hipóteses em que se baseiam os fundamentos da geometria.

O público presente respondeu com aplausos o esperado anúncio do funcionário e, quanto a Riemann, jamais imaginaria que o conteúdo de sua palestra mudaria por completo o destino da matemática!

Restava, agora, a Gauss, fazer as vezes de presidente. Foi o que ele fez: apresentou o seu orientando aos presentes, desejando-lhe sucesso e bom termo com o que se propunha a dizer aos ouvintes.

Riemann, pigarreando, limpou a garganta antes de começar se desculpando pela sua falta de desembaraço em acontecimentos daquela natureza. A seguir, prosseguiu, pausadamente, procurando se acalmar. Com o tempo, sentiu-se mais confiante e, a certa altura, deslanchou mostrando desenvoltura e segurança no que dizia. Tendo o dom da didática e, naquele dia, desfrutando de uma inspiração fora do comum, manteve o auditório preso às suas palavras por quase três horas, arrebatando, no final, aplausos prolongados do público presente, composto em boa parte de matemáticos, astrônomos e cientistas da universidade, além de alunos e outras pessoas não acadêmicas, embora, entre estas, nenhuma mulher!

Gauss, segundo comentários de vários dos presentes à palestra, ficara impressionadíssimo com o desempenho e, principalmente, com o conteúdo inédito, criado e apresentado por Georg Friedrich Bernhard Riemann.

Essa reação de Gauss, o "Príncipe dos Matemáticos", iria, mais tarde, influenciar a aprovação do trabalho de Riemann pela comunidade científica, precipitando a revolução euclidiana, com os matemáticos do mundo ocidental interessando-se não só pela nova geometria instituída belo brilhante expositor, como também pela esquecida geometria de Bolyai-Lobachevsky. Estava assim, de vez, derrubada do seu pedestal a geometria euclidiana!

Poucos anos depois desta memorável conferência de Göttingen, realizada numa tarde de verão de 1854, Riemann foi acometido por uma insidiosa tuberculose que o mataria em pouco tempo. Sua romântica morte aconteceu na Itália, em Selasca no lago Maggiore em 20 de julho de 1866 para onde fora em busca de um clima mais quente. O matemático Richard Dedekind descreve os seus últimos minutos nas seguintes palavras:

> *Sua forças declinaram rapidamente; ele percebeu que o seu fim estava próximo. Um dia antes de sua morte ele deitou à sombra de uma figueira às margens do lago Maggiore na vila de Selasca. Sua alma encheu-se de júbilo pela presença de uma gloriosa paisagem a sua volta... Sua vida escoando gentilmente sem dor e agonia, como se a alma estivesse se separando do corpo à sombra de uma árvore, e ele escrevendo o seu último trabalho. Sua esposa Breda acabara de lhe dar pão e vinho quando ele a pediu que transmitisse aos de casa o seu amor, dizendo "beije nosso filho". Ela tentou rezar com ele, o Pai Nosso, mas ele não conseguiu repetir. As palavras "esqueça nossas ofensas" ele ergueu devotamente os olhos aos céus e ela sentiu nas suas mãos a dele esfriando-se.*

Carl Friedrich Gauss, a "Eminência Parda" na história do Quinto Postulado de Euclides, teve uma morte tranquila numa manhã de 23 de fevereiro de 1855.

***

Até hoje, década inicial do século XXI, os departamentos de matemática das universidades recebem "provas" do postulado das paralelas. As pessoas que nelas acreditam esquecem-se de que uma prova verdadeira do postulado iria jogar por terra a possibilidade de uma geometria não euclidiana.

XII – O Futuro da Matemática

A Matemática foi inventada ou descoberta?... Não importa a dúvida!... Resta saber se ela é capaz de entender e justificar o Universo.

Não se tem notícia de como e quando começou a Matemática. Os mais remotos registros de conhecimentos matemáticos apontam para os povos da Mesopotâmia de 4 000 anos atrás. De lá, até os dias atuais, a Matemática passou por várias fases de desenvolvimento e, como é natural, algumas férteis, outras, improdutivas. Atualmente é uma estrutura admirável, embora, com vários problemas em aberto, e tão extensa que nenhum matemático seria capaz de dominá-la em toda a sua abrangência e profundidade.

E quanto ao seu futuro? ... cabe a pergunta.

Difícil e talvez impossível saber o que vai acontecer com a Matemática no futuro. O tempo tem-nos mostrado que ela sempre progrediu, embora, é natural, que tenha passado por períodos estagnantes, por exemplo, durante a Idade Média. Neste período, a matemática ocidental, praticamente, não experimentou nenhum avanço. Apenas, os árabes, ao preservarem a herança dos gregos, repassando-a mais tarde, com algumas contribuições, para a Europa, deram um incremento à Matemática.

Uma peculiaridade identificada no desenvolvimento da Matemática foi o fato de alguns de seus ramos em progresso deixarem de crescer, enquanto outros, até então, estagnados voltarem a florescer.

A Matemática do futuro permitirá que os celulares leiam nossos pensamentos à distância?... Os Computadores farão coisas incríveis. Terão autonomia e autocontroles próprios, deixando os seres humanos sem qualquer autoridade sobre eles. E mais, poderão cuidar de tudo e de todos, ficando nós sem qualquer trabalho ou atividade que são coisas enraizadas no nosso eu e sem as quais não poderemos ser felizes.... Poucos acreditam que o trabalho, qualquer que seja a sua natureza, é a razão do nosso viver. E se isso acontecer, como acredito, que o desenvolvimento da física-matemática sem limites nos trará, só nos resta esperar para não sermos protagonistas de um moderno Prometeu Apocalíptico.

A Matemática foi e continua sendo a ciência ou arte de resolver problemas, e, neste sentido, podemos esperar que sempre surgirão novos problemas para garantir a dinâmica do progresso matemático. A propósito dessa expectativa convém relembrar as palavras do matemático Julian Lowell Coolidge, morto aos 80 anos, em 1954:

uma das coisas bonitas da matemática é que nunca se resolve um de seus problemas sem que se criem outros.

Se for assim, somos levados a acreditar que a fonte da Matemática é inesgotável!

Quanto a sua maneira de ser, a Matemática no futuro continuará com o mesmo comportamento, todavia desenvolvendo-se em um ritmo cada vez mais acelerado, procurando, por um lado manter-se a par das exigências dos físicos cada vez mais necessitados da matemática capaz de explicar todas as faces e enigmas do Universo! Por outro, haverá sempre os matemáticos que farão matemática pela matemática sem qualquer preocupação com sua utilidade prática. Aqui cabe uma advertência a esses matemáticos da matemática pela matemática: "haverá um ponto que a matemática passará a engolir a si mesma."

Será o fim de todas as coisas!

Entretanto, no que pese a responsabilidade da Matemática é bom lembrar de que ela não tem nenhum compromisso com a realidade, eximindo-a, portanto, de qualquer obrigatoriedade de se adaptar ao espaço físico, seja ele de que natureza for! Mas, deve ater-se, por mais fascinante que seja uma teoria matemática, o seu desenvolvimento tende a se estagnar, caso não tenha um futuro, ainda que seja dentro de si mesma.

Por outro lado, as ideias matemáticas do futuro serão sintetizadoras ao máximo, e por isto mais simples. O matemático do futuro, ajudado por uma computação cada vez mais sofisticada, poderá demonstrar os teoremas mais facilmente do que no passado, uma vez que tudo que estiver relacionado a cálculos e simulações ficará a cargo dos algoritmos inteligentes. É bom lembrar, no entanto, que de acordo com a prova do lógico-matemático Kurt Gödel, jamais a máquina substituirá o homem. Em outras palavras, não é possível construir um algoritmo que faça tudo do que é capaz o cérebro humano. Mesmo porque, construir um algoritmo equivalente ao cérebro humano, estaríamos limitando este órgão que, segundo os antropólogos, encontra-se em desenvolvimento e, portanto, não podemos afirmar que um dia vá estabilizar-se.

Mas, voltando à Matemática!

A sua linguagem e a simbologia também sofrerão modificações, buscando a síntese, mesmo porque, sendo mais simples as ideias matemáticas do futuro, a sua expressão escrita ou oral tenderá para o mais singelo, e com esta simplificação, o ensino da matemática sofrerá transformações radicais, apoiadas, como já vêm acontecendo, pela aparelhagem digital.

Há, contudo, uma preocupação sombria para o futuro da matemática. Entendem alguns matemáticos que ela própria se encarregará do seu fim, se não pela exagerada abstração de que venha a adquirir, ou pior, no sentido de evitar o homem a pensar ser um deus, pela capacidade de tudo poder modelar matematicamente, contribuindo para dar a ele capacidade de prever e antecipar todos os acontecimentos futuros! Causa no meu entender de infelicidade total!

Apêndice

1 – Na geometria dos mares não podemos usar o teorema de Pitágoras, conforme o conhecemos. Existe, contudo, a expressão equivalente:

$$\cos\left(\frac{a}{R}\right) = \cos\left(\frac{b}{R}\right) + \cos\left(\frac{c}{R}\right)$$

Por outro lado, se os lados a, b e c do triângulo são insignificantes em relação ao raio da Terra, pode-se substituir a fórmula acima pela aproximada, obtida pelo desenvolvimento de cada um dos cossenos em série de Taylor, depois de desprezados os termos insignificantes:

$$\left(1 - \frac{a^2}{2R^2}\right) = \left(1 - \frac{b^2}{2R^2}\right) + \left(1 - \frac{c^2}{2R^2}\right)$$

Desenvolvendo os cálculos desta última expressão, chega-se ao resultado:

$$1 - \frac{a^2}{2R^2} = 1 - \frac{c^2}{2R^2} - \frac{b^2}{2R^2} + \frac{b^2c^2}{2R^2}$$

Os **1** se cancelam, enquanto a última parcela $\frac{b^2c^2}{2R^2}$ é praticamente zero, em razão de ser uma fração com o denominador muito grande, sobrando apenas a expressão:

$$-\frac{a^2}{2R^2} = -\frac{c^2}{2R^2} - \frac{b^2}{2R^2}$$

Cancelando-se os sinais negativos e todos os denominadores, resulta:

$$a^2 = b^2 + c^2$$

mostrando que para triângulos de áreas muito pequenas em relação à superfície da Terra, a relação de Pitágoras pode ser empregada; o erro que se comete é desprezível.

2 – De Morgan nasceu em 1806 em Madras, Índia, atual Chennai e morreu em Londres em 1871. Temos que encontrar um número, no máximo de dois algarismos, — poucas pessoas atingem uma idade de três algarismos — cujo quadrado esteja no intervalo (1806 — 1871).

Por tentativa e erro, tem-se: 42,2 → 1764, fora do intervalo; 43,2 = 1849, dentro. Vamos adiante! A questão pode ter duas soluções. 44,2 → 21936; fora do intervalo. Idade de De Morgam: 43 anos.

3 – Com relação à economia de distância, basta ver que temos um quadrilátero esférico ABCD (figura A.1) no qual os lados AD e BC, distâncias entre os paralelos é a mesma, por outro lado, as distâncias AB e DC são desiguais, porque a convergência dos meridianos aproxima um do outro, sendo assim, o lado AB do quadrilátero ABCD é menor que o lado DC. Conclusão:

$$\widehat{AB} + \widehat{BC} < \widehat{CD} + \widehat{AD}$$

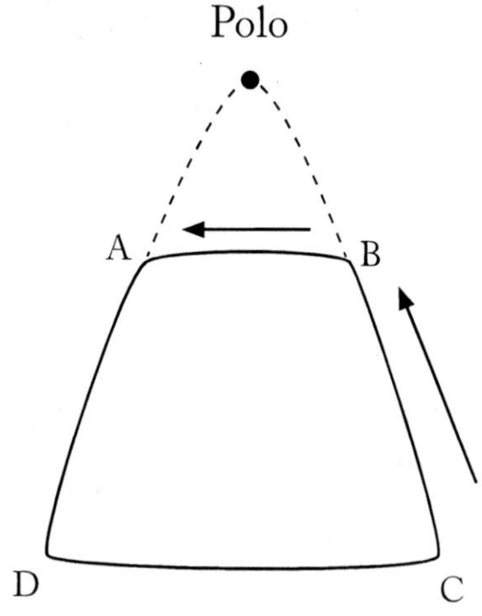

Figura A.1 – Convergência dos Meridianos

O caminho mais curto está mostrado pelas setas.

ANOTAÇÕES

Impressão e acabamento
Gráfica da Editora Ciência Moderna Ltda.
Tel: (21) 2201-6662